室内形态与软装设计

兰和平/著

中国纺织出版社

内 容 提 要

室内软装设计是反映主人艺术审美与个性特色的主要手段,其强调了对美的理解和感受。本书从室内形态的各个要素,室内空间的类型、分隔,室内空间形态的表现与设计以及空间的细部设计,室内软装的内涵、软装与硬装的比较,室内软装的分类与流程以及室内软装的历史与未来发展,室内软装设计的各种风格与构图手法,室内软装中的具体设计等方面对室内软装进行了全面研究。全书内容丰富,结构合理,图文并茂,语言通俗易懂而又不失学术性,是一本值得学习和研究的学术著作。

图书在版编目(CIP)数据

室内形态与软装设计 / 兰和平著. -- 北京 : 中国纺织出版社,2017.3

ISBN 978-7-5180-3391-1

Ⅰ. ①室… Ⅱ. ①兰… Ⅲ. ①室内装饰设计 Ⅳ. ①TU238.2

中国版本图书馆 CIP 数据核字(2017)第 053359 号

责任编辑:姚君　　　　　　　　　　　　责任印制:储志伟

中国纺织出版社出版发行
地址:北京市朝阳区百子湾东里 A407 号楼　邮政编码:100124
销售电话:010—67004422　传真:010—87155801
http://www.c-textilep.com
E-mail:faxing@e-textilep.com
中国纺织出版社天猫旗舰店
官方微博 http://www.weibo.com/2119887771
虎彩印艺股份有限公司　各地新华书店经销
2017 年 9 月第 1 版第 1 次印刷
开本:710×1000　1/16　印张:16.25
字数:211 千字　定价:62.00 元

前　言

　　随着人民生活水平的不断提高,现代人对精神层面的追求越来越多,而对室内装饰设计的高要求也正是人们对美的追求的一种心理反应。在很长一段时间内,对室内空间设计有着较高要求的人或是宫廷贵族,或是文人雅士、商贾,而普通百姓对于室内设计的要求仅仅满足于"居者有其屋"。现在,人们越来越注重空间特色与人居环境,室内软装设计俨然成为室内装修的重要部分,并逐渐扩展为一个新兴行业。软装设计在中国虽然只有短短十几年的发展,但随着时间的推移,我国的软装设计已经开始逐渐与国际潮流同步,并向新、精、细的方向发展。

　　室内软装设计是反映主人艺术审美与个性特色的主要手段,它不同于强调科学性、技术性与学术性的环境艺术,也不同于强调功能性、实用性的建筑设计,其强调对美的理解和感受,强调艺术效果。现在,室内软装设计已经成为普通大众都在关注的问题,社会需求度极高。这也就使学习室内软装设计这门专业的人越来越多。但市面上却鲜有关于软装设计的优秀著作,为此,作者在总结自己的理论成果并结合自己的实践经验的基础上撰写了本书。

　　本书共有六章,从室内形态与软装设计这两个大的方面进行了详细论述,主要内容如下:第一章主要阐述了室内形态的各个要素:造型要素、材质要素以及色彩要素;第二章主要分析室内空间的类型与分隔;第三章主要论述了室内空间形态的表现与细部设计;第四章主要分析了室内软装的内涵、软装与硬装的比较,室内软装设计的分类与流程以及室内软装的过去与未来;第五章主要阐释了室内软装设计的各种风格与构图手法；第六章则是室内软装中的具体设计，如家具设计，照明设计，陈设与布艺设计，以及绿化设计等。

全书内容丰富，结构合理，既有理论知识的阐述，又有优秀的室内软装设计实例，可谓图文并茂，语言通俗易懂而又不失学术性，希望本书能够为学习室内软装设计的人提供一些帮助。

在本书的撰写过程中，作者查阅了众多相关研究论文及著作与优秀实例资料，受益颇丰，在此对各位相关专家、学者表示由衷的感谢。由于作者理论水平所限，加之时间仓促，书中难免存在疏漏与欠妥之处，恳请广大读者提出宝贵意见。

作　者

2016 年 10 月

目　　录

第一章　室内空间形态要素

在室内空间设计中,空间的效果由各种要素组成,这些要素包括色彩、照明、造型、图案和材质等。造型是其中最重要的一个环节,主要由点、线、面三个基本要素构成。室内材质是物质基础,是装饰得以完成的基本保障。色彩则给室内设计提供了无限的可能性。本章以室内设计的造型、材质、色彩三个要素为线索进行论述。

第一节　室内造型要素——点、线、面

一、点

点在概念上是指只有位置而没有大小,没有长、宽、高和方向性,静态的形,空间中较小的形都可以称为点。点在空间设计中有非常突出的作用,单独的点具有强烈的聚焦作用,可以成为室内的中心;对称排列的点给人以均衡感;连续的、重复的点给人以节奏感和韵律感;不规则排列的点,给人以方向感和方位感。

点在空间中无处不在,一盏灯、一盆花或一张沙发,都可以看作是一个点。点既可以是一件工艺品,宁静的摆放在室内;也可以是闪烁的烛光,给室内带来韵律和动感。点可以增加空间层次,活跃室内气氛,如图 1-1 所示。

图 1-1　点在空间中的应用

二、线

线是点移动的轨迹,点连接形成线。线具有生长性、运动性和方向性。线有长短、宽窄和直曲之分,在室内空间环境中,凡长度方向较宽度方向大得多的构件都可以被视为线,如室内的梁、柱、管道等。常见的线的分类如下。

(一)直线

直线具有男性的特征,刚直挺拔,力度感较强。直线分为水平线、垂直线和斜线。水平线使人觉得宁静和轻松,给人以稳定、舒缓、安静、平和的感觉,可以使空间更加开阔,在层高偏高的空间中,通过水平线可以造成空间降低的感觉;垂直线能表现一种与重力相均衡的状态,给人以向上、崇高和坚韧的感觉,使空间的伸展感增强,在低矮的空间中使用垂直线,可以造成空间增高的感觉;斜线具有较强的方向性和强烈的动感特征,使空间产生速度感和上升感,如图 1-2、图 1-3、图 1-4 所示。

图 1-2　水平直线在空间中的应用　　图 1-3　垂直线在空间中的应用

图 1-4　斜线在空间中的应用

（二）曲线

　　曲线具有女性的特征，表现出一种由侧向力引起的弯曲运动感，显得柔软丰满、轻松幽雅。曲线分为几何曲线和自由曲线，几何曲线包括圆、椭圆和抛物线等规则型曲线，具有均衡、秩序和规整的特点;自由曲线是一种不规则的曲线,包括波浪线、螺旋线和水纹线等,它富于变化和动感,具有自由、随意和优美的特点。在室内空间设计中,经常运用曲线来体现轻松、自由的空间效果,如图 1-5、图 1-6 所示。

图 1-5 几何曲线在空间中的应用

图 1-6 自由曲线在空间中的应用

三、面

　　线的并列形成面,面可以看成是由一条线移动展开而成的,直线展开形成平面,曲线展开形成曲面。面可以分为规则的面和不规则的面,规则的面包括对称的面、重复的面和渐变的面等,具有和谐、规整和秩序的特点;不规则的面包括对比的面、自由性的面和偶然性的面等,具有变化、生动和趣味的特点,如图 1-7、图1-8、图 1-9 所示。

图 1-7　重复的面

图 1-8　渐变的面

图 1-9 对比的面

面的设计手法主要有以下几种。

（一）表现结构的面

表现结构的面是指运用结构外露的处理手法形成的面。这种面具有较强的现代感和粗犷的美感，结构本身还体现了一种力量，形成连续的节奏感和韵律感，如图 1-10 所示。

图 1-10 表现结构的面

（二）表现层次变化的面

表现层次变化的面是指运用凹凸变化、深浅变化和色彩变化等处理手法形成的面。这种面具有丰富的层次感和体积感，如图1-11、图1-12、图1-13所示。

图1-11　凹凸变化的面

图1-12　深浅变化的面

图 1-13　色彩变化的面

（三）表现动感的面

表现动感的面是使用动态造型元素设计而成的面，如旋转而上的楼梯、波浪形的天花造型和自由的曲面效果等。动感的面具有灵动、优美的特点，表现出活力四射、生机勃勃的感觉，如图1-14 所示。

图 1-14　表现动感的面

(四)表现质感的面

表现质感的面是通过表现材料肌理质感变化而形成的面。这种面具有粗犷、自然的美感,如图 1-15 所示。

图 1-15 表现质感的面

(五)主题性的面

主题性的面是为表达某种主题而设计的面,如在博物馆、纪念馆、主题餐厅和公司入口等场所经常出现的主题墙,如图 1-16 所示。

图 1-16 主题性的面

（六）倾斜的面

倾斜的面是运用倾斜的处理手法来设计的面。这种面给人以新颖、奇特的感觉，如图 1-17 所示。

图 1-17　倾斜的面

（七）仿生的面

仿生的面是指模仿自然界动、植物形态设计而成的面。这种面给人以自然、朴素和纯净的感觉，如图 1-18 所示。

图 1-18　仿生的面

（八）表现光影的面

表现光影的面是指运用光影变化效果来设计的面。这种面给人以虚幻、灵动的感觉，如图 1-19 所示。

图 1-19 表现光影的面

（九）同构的面

同构即同一种形象经过夸张、变形，应用于另一种场合的设计手法。同构的面给人以新奇、戏谑的效果，如图 1-20 所示。

图 1-20 同构的面

（十）渗透的面

渗透的面是指运用半通透的处理手法形成的面。这种面给人以顺畅、延续的感觉,如图 1-21 所示。

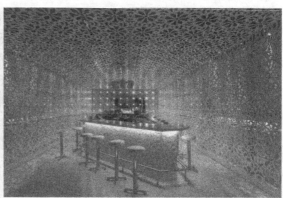

图 1-21　渗透的面

（十一）趣味性的面

趣味性的面是指利用带有娱乐性和趣味性的图案设计而成的面。这种面给人以轻松、愉快的感觉,如图 1-22 所示。

图 1-22　趣味性的面

（十二）特异的面

特异的面是通过解构、重组和翻转等处理手法设计而成的面。这种面给人以迷幻、奇特的感觉，如图 1-23 所示。

图 1-23 特异的面

（十三）视错觉的面

视错觉的面是指利用材料的反射性和折射性制造出视错觉和幻觉的面。这种面给人以新奇、梦幻的感觉，如图 1-24 所示。

图 1-24 视错觉的面

（十四）表现重点的面

表现重点的面是指在空间中占主导地位的面。这种面给人以集中、突出的感觉，如图1-25所示。

图1-25 表现重点的面

（十五）表现节奏和韵律的面

表现节奏和韵律的面是指利用有规律的、连续变化的形式设计的面。这种面给人以活泼、愉悦的感觉，如图1-26所示。

图1-26 表现节奏和韵律的面

综上所述,空间是由诸多元素构成的,其中点、线、面是组成空间的基本元素,它们之间的相互联结、相互渗透才能构成和谐美观的空间形式。

第二节 室内材质要素分析

一、室内装饰材料的分类

生活中常用的装饰装修材料主要有黄沙、水泥、黏土砖、木材、人造板材、钢材、瓷砖、合金材料、天然石材和各种人造材料。在当今高科技突飞猛进的时代,室内装饰行业所使用的材料也是日新月异、不断更新。下面介绍的各种材料具有鲜明的时代特征,反映了室内装饰行业的一些特点。

(一)铺地材料

铺地材料由过去的瓷砖、石材、地毯到趋向使用柚木、榉木等实木地板,及现在大量使用的实木多层复合地板、欧式强化复合地板等环保型无毒、无污染的天然绿色材料。目前最新的负离子复合地板,不仅具有透气性好、冬暖夏凉、脚感舒适的特点,而且木纹图案美观、绚丽多彩、风格自然,并有使空气新鲜、除臭除害的功能,铺设在房间里显得更高雅大方、更协调、更完美。

(二)厨房设备

对一日三餐的洗、切、烧传统式厨房进行创新改革,采用彩色面板、仿真石板、防火板,将厨具中的操作台、立柜、吊柜、角柜等组合起来,由橱具厂家专业生产,排列成"一""L""U""品"等型,做成一整套设计完善的欧式厨房设备,实现烹饪操作电气化、使用功能安全化和清洗、消毒、储藏机械化,大大地减轻了炊事劳动。食渣处理器的应用,使厨房设备与现代化居室装饰日趋完美,是人们对于厨房"革命"的新追求。

(三)卫生洁具

其功能已从卫生发展为清洁、健身、理疗及休闲享受型。卫浴设备由单一白色发展到乳白、黑、红、蓝等多种色彩;浴缸材料由铸铁、钢板到亚克力、玻璃、人造大理石等;五金配件有单手柄冷(热)水龙头、恒温龙头、单柄多控龙头、防雾化妆镜、红外取暖器、智能浴巾架。此外,还采用高新电子技术,如太阳能热水器、红外定时冲洗便器、电动碎化马桶、电脑坐便器、压力式坐便器和喷水喷气按摩浴缸、电脑蒸汽淋浴房、光波浴房、气泡振动发生器等保健型卫浴设备,具有消除疲劳、健身舒适的功能。

(四)装饰五金

装饰五金制品更是标新立异、层出不穷。居室的门窗装饰装潢,材料有铜、不锈钢、双金属复合材、铝木、铝合金、锌合金、水晶玻璃、大理石、ABS塑料;塑表面涂饰有仿金、银色、古铜色、氟碳树脂等各种色彩,可经镶、拼、嵌组合拼装配套;门窗有艺术雕刻金属门、红外感应自动门、无框门窗、中空玻璃窗、多用途防盗门窗、塑钢门窗等;与门窗建筑物配套的闭门器、地弹簧、暗铰链、防火拉手、艺术雕刻花纹拉手、各类图案的环、古典执手锁、电子锁、铝木门窗、浮雕彩绘拼嵌玻璃、红外遥控监视器等,使门窗装饰造型更美丽别致、更安全、更具有时代风貌。

(五)灯饰

灯饰用品一改过去的台灯、壁灯、落地灯、吸顶灯、庭院灯、水晶珠灯单一性,发展到导轨灯、射灯、筒型灯、宫廷灯、荧光灯及新开发的电子感应的无接触红外控制灯、音频传感灯、触摸灯、智能化遥控调光灯、光导纤维壁纸灯等。配有艺术设计的灯具与室内环境设计及家具整体性的搭配,使居室装饰不但大方简洁、格调高雅、富有情趣,而且个性特色十足,突出了造型整体效果。

(六)墙纸

墙纸制品品种繁多,丝光墙纸、塑料墙纸、金属墙纸、防火阻燃墙纸、多功能墙纸、杀虫灭蚊墙纸、光导纤维发光墙纸、浮雕墙纸、仿砖墙和仿大理石等各种墙纸琳琅满目,花色品种繁多,图案清新雅致、明快。采用天然色素色彩,无毒、防菌、无污染、易粘贴等品种不断涌现。

二、室内装饰材料的性质与应用

(一)木材制品

木材由于其具有的独特性质和天然纹理,应用非常广泛。它不仅是我国具有悠久历史的传统建筑材料(如制作建筑物的木屋架、木梁、木柱、木门、窗等),也是现代建筑主要的装饰装修材料(如木地板、木制人造板、木制线条等)。

木材由于树种及生长环境不同,其构造差别很大,而木材的构造也决定了木材的性质。

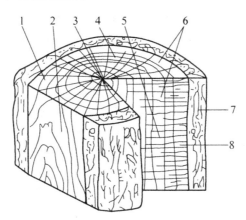

图 1-27　木材的构造

1—横切面;2—弦切面;3—髓心;4—年轮;
5—径切面;6—髓线;7—树皮;8—木质部

1.木材的分类

(1)按叶片分类

按照叶片的不同主要可以分为针叶树和阔叶树。

针叶树树叶细长如针,树干通直高大,纹理顺直,表观密度和胀缩变形较小,强度较高,有较多的树脂,耐腐性较强,木质较软而易于加工,又称"软木",多为常绿树。常见的树种有红松、白松、马尾松、落叶松、杉树、柏木等,主要用于各类建筑构件、制作家具及普通胶合板等。

阔叶树树叶宽大,树干通直部分较短,表观密度大,胀缩和翘曲变形大,材质较硬,易开裂,难加工,又称"硬木",多为落叶树。硬木常用于尺寸较小的建筑构件(如楼梯木扶手、木花格等),其具有各种天然纹理,装饰性好,因此,可以制成各种装饰贴面板和木地板。常见的树种有樟木、榉木、胡桃木、柚木、柳桉、水曲柳及较软的桦木、椴木等。

(2)按用途分类

按加工程度和用途的不同,木材可分为原木、原条和板方材等。

原木是指树木被伐倒后,经修枝并截成规定长度的木材。

原条是指只经修枝、剥皮,没有加工造材的木材。

板方材是指按一定尺寸锯解,加工成形的板材和方材。

2.木材的性质

(1)轻质高强

木材是非匀质的各向异性材料,表观密度约为 $550\text{kg}/\text{m}^2$,且具有较高的顺纹抗拉、抗压和抗弯强度。我国是以木材含水率为 15% 时的实测强度作为木材的强度。木材的表观密度与木材的含水率和孔隙率有关,木材的含水率大,表观密度大;木材的孔隙率小,则表观密度大。

(2)保温隔热

木材孔隙率可达 50%,热导率小,具有较好的保温隔热性能。

（3）耐腐、耐久

木材只要长期处在通风干燥的环境中，并给予适当的维护或维修，就不会腐朽损坏，具有较好的耐久性，且不易导电。我国古建筑木结构已有几千年的历史，至今仍完好，但是如果长期处于50℃以上温度的环境，就会导致木材的强度下降。

（4）含水率高

当木材细胞壁内的吸附水达到饱和状态，而细胞腔与细胞间隙中无自由水时，这时木材的含水率称为纤维饱和点。纤维饱和点随树种的不同而不同，通常为 $25\%\sim35\%$，平均值约为 30%，它是影响木材物理力学性能发生变化的临界点。

（5）吸湿性强

木材中所含水分会随所处环境温度和湿度的变化而变化，潮湿的木材能在干燥环境中失去水分，同样，干燥的木材也会在潮湿环境中吸收水分，最终木材中的含水率会与周围环境空气相对湿度达到平衡，这时木材的含水率称为平衡含水率。平衡含水率会随温度和湿度的变化而变化，木材使用前必须干燥到平衡含水率。

（6）弹、韧性好

木材是天然的有机高分子材料，具有良好的抗震、抗冲击能力。

（7）装饰性好

木材天然纹理清晰，颜色各异，具有独特的装饰效果，且加工、制作、安装方便，是理想的室内装饰装修材料。

（8）湿胀干缩

木材的表观密度越大，变形越大，这是由于木材细胞壁内吸附水引起的。顺纹方向胀缩变形最小，径向较大，弦向最大。当木材从潮湿状态干燥至纤维饱和点时，其尺寸不改变，如果继续干燥，当细胞壁中的吸附水开始蒸发时，则木材体积发生收缩；反之，干燥木材吸湿后，将发生体积膨胀，直到含水率达到纤维饱和点为止，此后，木材含水率继续增大，也不再膨胀。

木材的湿胀干缩对木材的使用有很大影响,干缩会使木结构构件产生裂缝或产生翘曲变形,湿胀则造成凸起。

(9)天然疵病

木材易被虫蛀、易燃,在干湿交替中会腐朽,因此,木材的使用范围和作用受到限制。

3. 木材的处理

(1)干燥处理

为使木材在使用过程中保持其原有的尺寸和形状,避免发生变形、翘曲和开裂,并防止腐朽、虫蛀,保证正常使用,木材在加工、使用前必须进行干燥处理。

木材的干燥处理方法可根据树种、木材规格、用途和设备条件选择。自然干燥法不需要特殊设备,干燥后木材的质量较好,但干燥时间长,占用场地大,只能干到风干状态。采用人工干燥法,时间短,可干至窑干状态,若干燥不当,会因收缩不匀而引起开裂。小材的锯解、加工,应在干燥之后进行。

(2)防腐和防虫处理

在建造房屋或进行建筑装饰装修时,不能使木材受潮,应使木构件处于良好的通风条件环境,不得将木支座节点或其他任何木构件封闭在墙内;木地板下、木护墙及木踢脚板等宜设置通风洞。

木材经防腐处理,使木材变为含毒物质,杜绝菌类、昆虫繁殖。常用的防腐、防虫剂有水剂(硼酚合剂、铜铬合剂、铜铬砷合剂和硼酸等),油剂(混合防腐剂、强化防腐剂、林丹五氯酚合剂等),乳剂(二氯苯醚菊酯)和氟化钠沥青膏浆等。处理方法可用涂刷法和浸渍法,前者施工简单,后者效果显著。

(3)防火处理

木材是易燃材料,在进行建筑装饰装修时,要对木制品进行防火处理。木材防火处理的通常做法是在木材表面涂饰防火涂料,也可把木材放入防火涂料槽内浸渍。

根据胶结性质的不同,防火涂料分油质防火涂料、氯乙烯防火涂料、硅酸盐防火涂料和可赛银(酪素)防火涂料。前两种防火涂料能抗水,可用于露天结构上;后两种防火涂料抗水性差,可用于不直接受潮湿作用的木构件上。

(二)石材制品

1.常见石材的品种

(1)大理石

大理石是变质岩,它具有致密的隐晶结构,硬度中等,碱性岩石,其结晶主要由云石和方解石组成,主要成分以碳酸钙为主,约占 50%以上。我国云南大理县以盛产大理石而驰名中外。

大理石具有独特的装饰效果。品种有纯色及花斑两大系列,花斑系列为斑驳状纹理,品种多色泽鲜艳,材质细腻;抗压强度较高,吸水率低,不易变形;硬度中等,耐磨性好,易加工;耐久性好。

大理石主要用于建筑物室内的墙面、柱面、栏杆、窗台板、服务台、楼梯踏步、电梯间、门脸等的饰面,也可以制造成工艺品、壁面和浮雕等。

图 1-28　大理石材

（2）花岗岩

花岗岩是指具有装饰效果，可以磨平、抛光的各类火成岩。花岗岩具有全晶质结构，材质硬，其结晶主要由石英、云母和长石组成，主要成分以二氧化硅为主，占 65%～75%。

花岗岩的板材主要用作建筑室内外饰面材料以及重要的大型建筑物基础踏步、栏杆、堤坝、桥梁、路面、街边石、城市雕塑及铭牌、纪念碑、旱冰场地面等。

（3）人造石材

我国在 20 世纪 70 年代末开始从国外引进人造石材样品、技术资料及成套设备，80 年代进入了生产发展时期，目前我国人造石材有些产品质量已达到国际同类产品的水平，并广泛应用于宾馆、住宅的装饰装修工程中。

人造石材不但具有材质轻、强度高、耐污染、耐腐蚀、无色差、施工方便等优点，且因工业化生产制作，使板材整体性极强，可免去翻口、磨边、开洞等再加工程序。

人造石材一般适用于客厅、书房、走廊的墙面、门套或柱面装饰，还可用作工作台面及各种卫生洁具，也可加工成浮雕、工艺品、美术装潢品和陈设品等。

人造石材包括水泥型人造石材、聚酯型人造石材、复合型人造石材、烧结型人造石材、微晶玻璃型人造石材等。

2. 石材的选择

（1）表面观察

由于地理、环境、气候、朝向等自然条件不同，石材的构造也不同，有些石材具有结构均匀、细腻的质感，有些石材则颗粒较粗。不同产地、不同品种的石材具有不同的质感效果，必须正确地选择需要的石材品种。

（2）规格尺寸

石材规格必须符合设计要求，铺贴前应认真复核石材的规格尺寸是否准确，以免造成铺贴后的图案、花纹、线条变形，影响装饰效果。

（3）试水检验

通常在石材的背面滴上一小粒墨水，如墨水很快四处分散浸出，即表明石材内部颗粒松动或存在缝隙，石材质量不好；反之，若墨水滴在原地不动，则说明石材质地好。

（4）声音鉴别

听石材的敲击声音是鉴别石材质量的方法之一。好的石材其敲击声清脆悦耳，若石材内部存在轻微裂隙或因风化导致颗粒间接触变松，则敲击声粗哑。

（三）陶瓷制品

1.陶瓷砖的品种

（1）釉面内墙砖

釉面内墙砖又名釉面砖、瓷砖、瓷片、釉面陶土砖。釉面砖是以难熔黏土为主要原料，再加入非可塑性掺料和助熔剂，共同研磨成浆，经榨泥、烘干成为含有一定水分的坯料，并通过机器压制成薄片，然后经过烘干素烧、施釉等工序制成。釉面砖是精陶制品，吸水率较高，通常大于10%的（不大于21%）属于陶质砖。

釉面砖正面施有釉，背面呈凹凸状，釉面有白色、彩色、花色、结晶、珠光、斑纹等品种。

（2）墙地砖

墙地砖以优质陶土为原料，再加入其他材料配成主料，经半干并通过机器压制成形后于1100℃左右焙烧而成。墙地砖通常指建筑物外墙贴面用砖和室内外地面用砖，由于这类砖通常可以墙地两用，故称为墙地砖。墙地砖吸水率较低，均不超过10%。墙地砖背面呈凹凸状，以增加其与水泥砂浆的黏结力。

墙地砖的表面经配料和工艺设计可制成平面、毛面、磨光面、抛光面、花纹面、仿石面、压花浮雕面、无光釉面、金属光泽面、防滑面、耐磨面等品种。

图 1-29　陶瓷砖装饰效果

2.陶瓷砖的选用

（1）外观检查

瓷砖的色泽要均匀,表面光洁度及平整度要好,周边规则,图案完整,从一箱中抽出四五片察看有无色差、变形、缺棱少角等缺陷。

（2）声音鉴别

用硬物轻击,声音越清脆,则瓷化程序越高,质量越好,如声音沉闷、滞浊为下品。

（3）滴水试验

可将水滴在瓷砖背面,看水散开后浸润的快慢,一般来说,吸水越慢,说明该瓷砖密度越高,质量就越好;反之,吸水越快,说明瓷砖密度越低,质量就越差。

（4）规格尺寸

通常来讲,瓷砖边长的精确度越高,铺贴后的效果越好。

（5）硬度划痕

瓷砖以硬度良好、韧性强、不易破碎为上品。用瓷砖的残片棱角互相划痕,察看破损的碎片断裂处是细密还是疏松即可检验。

（6）密度掂量

用手掂砖，看手感沉重与否，是则致密度高，硬度高，强度高；反之，则质地较差。

（7）釉面识别

任 1m 内以肉眼观察表面有无针孔，若有则为下品。

（四）塑料制品

1. 塑料的性质

在装饰工程中，采用塑料制品代替其他装饰材料，不仅能获得良好的装饰及艺术效果，而且还能减轻建筑物自重，提高施工效率，降低工程费用。近年来，塑料制品在装饰工程中的应用范围不断扩大。

（1）质量较轻

塑料的密度在 $0.9\sim2.2\text{g/cm}^3$ 之间，平均约为钢的 1/5、铝的 1/2、混凝土的 1/3，与木材接近。因此，将塑料用于建筑工程，不仅可以减轻施工强度，而且可以降低建筑物的自重。

（2）导热性低

密实塑料的热导率一般为 $0.12\sim0.8\text{W/(m·K)}$，约为金属的 $1/500\sim1/600$。泡沫塑料的热导率只有 $0.02\sim0.046\text{W/(m·K)}$，约为金属材料的 1/1500、混凝土的 1/40、砖的 1/20，是理想的绝热材料。

（3）比强度高

塑料及其制品轻质高强，其强度与表观密度之比（比强度）远远超过混凝土，接近甚至超过了钢材，是一种优良的轻质高强材料。

（4）稳定性好

塑料对一般的酸、碱、盐、油脂及蒸汽的作用有较高的化学稳定性。

（5）绝缘性好

塑料是良好的电绝缘体，可与橡胶、陶瓷媲美。

（6）多功能性

塑料的品种多，功能各异。某种塑料的性能通过改变配方后，其性能会发生变化，即使同一制品也可具有多种功能。如塑料地板不仅具有较好的装饰性，还有一定的弹性、耐污性和隔声性。

（7）装饰性优异

塑料表面能着色，可制成色彩鲜艳、线条清晰、光泽明亮的图案，不仅能取得大理石、花岗岩和木材表面的装饰效果，还可通过电镀、热压、烫金等制成各种图案和花纹，使其表面具有立体感和金属的质感。

（8）经济性好

建筑塑料制品的价格一般较高，如塑料门窗的价格与铝合金门窗的价格相当，但由于它的节能效果高于铝合金门窗，所以无论从使用效果还是从经济方面比较，塑料门窗均好于铝合金门窗。建筑塑料制品在安装和使用过程中，施工和维修保养费用也较低。

除以上优点外，塑料还具有加工性能好，有利于建筑工业化等优良特点。但塑料自身尚存在着一些缺陷，如易燃、易老化、耐热性较差、弹性模量低、刚度差等弱点。

2. 塑料制品的品种

（1）塑料地板

塑料地板按材质分类可分为聚氯乙烯树脂塑料地板、聚乙烯-醋酸乙烯塑料地板、聚丙烯树脂塑料地板、氯化聚乙烯树脂塑料地板。

塑料地板主要有以下特性：轻质、耐磨、防滑、可自熄；回弹性好，柔软度适当，脚感舒适，耐水，易于清洁；规格多，造价低，施工方便；花色品种多，装饰性能好；可以通过彩色照相制版印刷出各种色彩丰富的图案。

（2）塑料门窗

为了增强塑料门窗的刚性，通常在塑料型材的空腔内增加钢材(加强筋)形成塑钢窗、塑钢门。

　　塑料窗具有如下特点:耐水耐腐蚀,隔热性能好,气密性好,隔声性好,装饰性好,易于保养,价格经济,节约能源。

　　塑料门与塑料窗一样具有相应的优点,主要有镶板门、框板门、折叠门等各种类型。

图 1-30 　塑料门窗

（3）壁纸

　　塑料壁纸是以一定材料为基材,表面进行涂塑后,再经过印花、压花或发泡处理等多种工艺而制成的一种饰面装饰材料。

　　塑料壁纸装饰效果好,色彩也可任意调配,自然流畅,清淡高雅;根据需要可加工成难燃、隔热、吸声、防霉性,且不易结露,不怕水洗,不易受机械损伤的产品;使用寿命长,易维修保养;表面可清洗,对酸碱有较强的抵抗能力。

（五）玻璃制品

1. 玻璃的作用

采光,用于各种门、窗玻璃等。
围护、分隔空间,指各类室内玻璃隔墙、隔断等。
控制光线,如外墙有色玻璃、镀膜玻璃等。
反射,指镜面玻璃。

　　保温、隔热、隔声、安全等多功能,如夹层玻璃、中空玻璃、钢化玻璃等。

　　艺术效果,经着色、刻花等工艺处理,可制成玻璃屏风、玻璃花饰、玻璃雕塑品等,使玻璃成为良好的艺术装饰材料。

2.玻璃的品种

(1)普通平板玻璃

　　普通平板玻璃具有良好的透光透视性能,透光率达到85%左右,紫外线透光率较低,隔声,略具保温性能,有一定机械强度,为脆性材料。

　　普通平板玻璃主要用于房屋建筑工程,部分经加工处理制成钢化、夹层、镀膜、中空等玻璃,少量用于工艺玻璃。

(2)钢化玻璃

　　钢化玻璃又称强化玻璃,它是利用加热到一定温度后迅速冷却的方法或化学方法进行特殊钢化处理的玻璃,其强度比未经钢化处理的玻璃高4~6倍。

　　钢化玻璃一般具有如下特点:机械强度高,具有较好的抗冲击性,安全性能好,当玻璃破碎时,碎裂成圆钝的小碎块,不易伤人;热稳定性好,具有抗弯及耐急冷急热的性能,其最大安全工作温度可达到287.78℃;钢化玻璃处理后不能切割、钻孔、磨削,边角不能碰击扳压,选用时需按实际规格尺寸或设计要求进行机械加工定制。

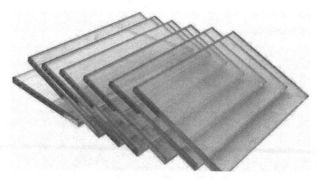

图 1-31　钢化玻璃

（3）夹丝玻璃

夹丝玻璃是安全玻璃的一种，它是将预先纺织好的钢丝网，压入经软化后的红热玻璃中制成，其特点是安全、抗折强度高，热稳定性好。夹丝玻璃可用于各类建筑的阳台、走廊、防火门、楼梯间、采光屋面等。

（4）中空玻璃

中空玻璃可以制成各种不同颜色或镀以不同性能的薄膜，整体拼装构件是在工厂完成的，有时在框底也可以放上钢化、压花、吸热、热反射玻璃等，颜色有无色、茶色、蓝色、灰色、紫色、金色、银色等。中空玻璃的玻璃与玻璃之间留有一定的空腔，因此具有良好的保温、隔热、隔声等性能，如在空腔中充以各种能漫射光线的材料或介质，则可获得更好的声控、光控、隔热等效果。

中空玻璃用于房屋的门窗、车船的门窗、建筑幕墙以及需要采暖保温、防止噪声、防止结露的建筑物上。

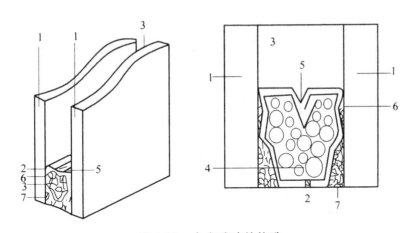

图 1-32 中空玻璃的构造

1—玻璃原片；2—空心铝隔框；3—干燥空气；

4—干燥剂；5—缝隙；6、7—黏结剂

（5）变色玻璃

变色玻璃有光致变色玻璃和电致变色玻璃两大类。在玻璃中加入氯化银，或在玻璃与有机夹层中加入钼和钨的感光化合物,就能获得光致变色玻璃。光致变色玻璃受太阳光或其他光线照射,颜色随光线的增强而逐渐变暗,当照射停止又恢复原来的颜色。

变色玻璃能自动控制进入室内的太阳辐射能,从而降低能耗,改善室内的自然采光条件,具有防窥视、防眩光的作用。变色玻璃可用于建筑门、窗、隔断和智能化建筑。

(六)石膏

石膏是一种白色粉末状的气硬性无机胶凝材料,具有孔隙率大(轻)、保温隔热、吸声防火、容易加工、装饰性好的特点,所以在建筑装饰装修工程中广泛使用。下面是几种常用的石膏装饰材料。

1.石膏板

石膏板是以建筑石膏为主要原料而制成的,具有质轻、绝热、不燃、防火、防震、加工方便、调节室内湿度等特点。为了增强石膏板的抗弯强度,减小脆性,往往在制作时掺加轻质填充料,如锯末、膨胀珍珠岩、膨胀蛭石、陶粒等。

以轻钢龙骨为骨架,石膏板为饰面材料的轻钢龙骨石膏板构造体系是目前我国建筑室内轻质隔墙和吊顶制作的最常用做法。其特点是自重轻,占地面积小,增加了房间的有效使用面积,施工作业不受气候条件影响,安装简便。

2.石膏浮雕

以石膏为基料加入玻璃纤维可加工成各种平板、小方板、墙身板、饰线、灯圈、浮雕、花角、圆柱、方柱等,用于室内装饰,其特点是能锯、钉、刨、可修补、防火、防潮、安装方便。

3.矿棉板

矿物棉、玻璃棉是新型的装饰材料,具有轻质、吸声、防火、保温、隔热、美观大方、可钉可锯、施工简便等优良性能,装配化程度高,完全是干作业,是高级宾馆、办公室、公共场所比较理想的顶棚装饰材料。

图 1-33　墙面石膏浮雕

矿棉装饰吸声板是以矿渣棉为主要材料,加入适量的黏结剂、防腐剂、防潮剂,经过配料、加压成形、烘干、切割、开榫、表面精加工和喷涂而制成的一种顶棚装饰材料。

矿棉吸声板的形状主要有正方形和长方形两种,常用尺寸有:500mm × 500mm、600mm × 600mm 或 300mm × 600mm、600mm×1200mm 等,其厚度为 9mm～20mm。矿物棉装饰吸声板表面有各种色彩,花纹图案繁多,有的表面加工成树皮纹理,有的则加工成小浮雕或满天星图案,具有各种装饰效果。

(七)水泥

1.水泥的品种

水泥是一种粉末状物质,它与适量水拌和成塑性浆体后,经过一系列物理化学作用能变成坚硬的水泥石。水泥浆体不但能在空气中硬化,还能在水中硬化,故属于水硬性胶凝材料。水泥、砂子、石子加水胶结成整体,就成为坚硬的人造石材(混凝土),再加入钢筋,就成为钢筋混凝土。

建筑装饰装修工程主要用的水泥品种是硅酸盐水泥、普通硅酸盐水泥、白色硅酸盐水泥。

图1-34 大宗水泥材料

2.水泥的应用

水泥作为饰面材料还需与砂子、石灰（另掺加一定比例的水）等按配合比经混合拌和组成水泥砂浆或水泥混合砂浆（总称抹面砂浆），抹面砂浆包括一般抹灰和装饰抹灰。砂浆抹灰操作如图1-35所示。

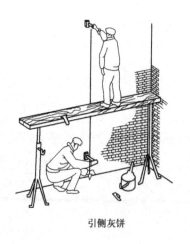

引侧灰饼

抹冲筋

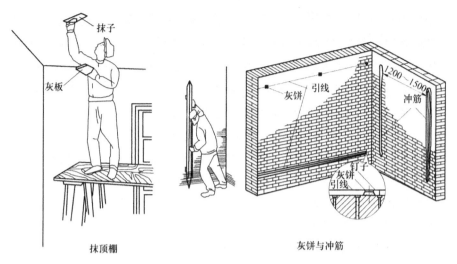

抹顶棚　　　　　　　　　　　　　　灰饼与冲筋

图 1-35　砂浆抹灰操作示意图

第三节　色彩原理与室内色彩要素

一、色彩的基础理论

（一）色彩的三原色

1.原色

原色又称为第一次色，或称为基色，即无法调配出来的三原色。颜料的三原色为红（品红）、黄、青（蓝），这三种原色通过不同比例相混合，可以得到的色域最大。因此，人们称为色料的三原色。

2.间色

间色是指任意两种原色相混合后产生的色彩，又称二次色。

根据原色加入的比例不同就可以产生多种间色,如黄＋红,红多则呈橘红,黄多就呈橘黄;如黄＋蓝,黄多则呈草绿,蓝多就呈深绿;如红＋蓝,红多则呈紫罗兰,蓝多就呈青莲色。常用的间色有橙、绿、紫。间色的特性比原色沉稳,比复色鲜明,兼具原色与复色两种特性,在广告、产品、家具、服装等等各类型设计中,间色均得到广泛应用。间色的设计需要利用各种对比关系才能赢得强烈的色彩感。

3.复色

复色是指三种或三种以上的原色相混合所产生的色彩。由于三种原色混合时量的比例不同,所以会产生各种颜色。复色比间色的色彩纯度明显下降,产生大量的灰黄、灰红、灰褚、灰绿、灰蓝和灰紫色等。人们所见到的色彩中复色最多,其运用也最具有潜移默化的亲和力。

(二)加法混色与减法混色

光色和颜料色的属性不同,色彩混合也就不同,光的三原色(红、绿、蓝)混合后为白色(图 1-36),也称为加法混色。颜料色的三原色[红(品红)、黄、青(蓝)]混合后为黑色(图 1-37),也称减法混色。

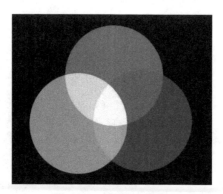

图 1-36 光的三原色

图 1-37　颜料三原色

（三）色彩的三要素

色彩的三属性在色彩学上也称为色彩的三要素，即色相（Hue）、明度和纯度，这三个方面基本决定了色彩性质的变化。色彩的色相、纯度和明度三要素是紧密联系、不可分割的，只有色相而无纯度和明度的色彩是不存在的，只有纯度而无色相和明度的色彩也是没有的。因此，对色彩的形象进行分析时，必须同时考虑这三者的关系。

1. 色相

色相是指颜色的基本相貌，是色彩的表象特征，用来区分不同色彩的方法。[①]

色相是有彩色的最重要的特征，它是由色彩的物理性能所决定的，由于光的波长不同，特定波长的色光就会显示特定的色彩感觉，在三棱镜的折射下，色彩的这种特性会以一种有序排列的方式体现出来，人们根据其中的规律性，便制定出色彩体系。

最初的基本色相为红、橙、黄、绿、蓝、紫。在各色中间插入一

———————

① 　色相能够比较确切地表示某种颜色的色别名称，如玫瑰红、橘黄、柠檬黄、钴蓝、群青、翠绿等等，用来称谓对在可视光线中能辨别的每种波长范围的视觉反应。因此，色相是色彩体系的基础，也是认识各种色彩的基础。

个中间色,其头尾色相,按光谱顺序为红、橙红、橙、黄橙、黄、黄绿、绿、绿蓝、蓝、蓝紫、紫。基本色相间取中间色,即得十二色相环,再进一步便是二十四色相环(图 1-38)。在色相环的圆圈里,各彩调按不同角度排列,则十二色相环每一色相间距为 30°,二十四色相环每一色相间距为 15°。①

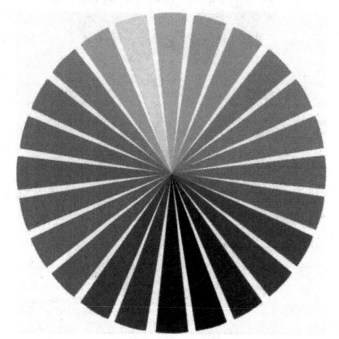

图 1-38　二十四色相环

在国外的颜料上都有色相的明确标识,例如,10pB,指的就是带紫的蓝中第 10 色。另外,某一种色相和黑、白、灰调和,无论产生多少种明度、纯度变化,它们都属于同一种色相。

在设计中,设计师在一个色系中找到合适的色相是要仔细斟酌的,甚至在直觉性选择之外不得不借助理性地分析,才能做出决定。比如红色在设计中的使用,朱红、大红、深红等各种红色之间存在相当大的差别。

---

① 萧冰,李雅.设计色彩[M].上海:上海人民美术出版社,2009.

2.明度

明度是指色彩的明暗程度,可以用黑、白、灰的关系来表述。白色的明度最高、黑色的明度最低,在色彩中加入白色或浅色,其明度就会提高,加入黑色或深色,其明度就会降低;纯度是指色彩的纯净、饱和或鲜艳程度,在色彩调配中,一种纯色混入灰色、白色或黑色越多,其纯度越低,这些成分混入越少,其纯度就相对越高。明度一般可分为九级。

3.纯度

色彩的纯度又称饱和度,它是指色彩的鲜艳浓度和纯净度。纯度的高低决定了色彩包含标准色成分的多少。在自然界,人类视觉能辨认出有色相感的色,都具有一定程度的鲜艳度。然而,不同的光色、空气、距离等因素,都会影响到色彩的纯度。比如,近的物体色彩纯度高,远的物体色彩纯度低,近的树木的叶子色彩是鲜艳的绿,而远的则变成灰绿或蓝灰等。[①]

在光色中,各单色光是最纯净的,颜料是无法达到单色光的纯净度的;在颜料中,色相环上的色彩是最纯净的,且任何一种间色都会减弱其纯净度。[②]

(四)色彩的情感效应

色彩的情感效应及所代表的颜色,见表1-1。

---

① 又如绿色,当它混入了白色时,虽然仍旧具有绿色相的特征,但它的鲜艳度降低了,明度提高了,成为淡绿色;当它混入黑色时,鲜艳度降低了,明度变暗了,成为暗绿色;当混入与绿色明度相似的中性灰时,它的明度没有改变,纯度降低了,成为灰绿色。

② 纯净的色彩看起来很刺激,视觉效果上冲击力就大,但也会难以与其他色彩相配合,画面往往就会难以控制,所以,在设计中有时需要降低颜色的纯度,使画面中的所有色彩都统一起来,协调起来。

表 1-1　色彩的情感效应

色彩情感	产生原理与代表颜色
冷暖感	冷暖感本来是属于触感的感觉,即使不去用手摸而只是用眼看也会感到暖和冷,这是由于一定的生理反应和生活经验的积累的共同作用而产生的 色彩冷暖的成因作为人类的感温器官,皮肤上广泛地分布着温点与冷点,当外界高于皮肤温度的刺激作用于皮肤时,经温点的接受最终形成热感,反之形成冷感 代表颜色:暖色,如紫红、红、橙、黄、黄绿;冷色,如绿、蓝绿、蓝、紫
轻重感	轻重感是物体质量作用于人类皮肤和运动器官而产生的压力和张力所形成的知觉① 明度、彩度高的暖色(白、黄等),给人以轻的感觉;明度、彩度低的冷色(黑、紫等),给人以重的感觉 按由轻到重的次序排列为:白、黄、橙、红、中灰、绿、蓝、紫、黑
软硬感	色彩的明度决定了色彩的软硬感。它和色彩的轻重感也有着直接的关系 明度较高、彩度较低、轻而有膨胀感的暖色显得柔软 明度低、彩度高、重而有收缩感的冷色显得坚硬
欢快和忧郁感	色彩能够影响人的情绪,形成色彩的明快与忧郁感,也称色彩的积极与消极感 高明度、高纯度的色彩比较明快、活泼,而低明度、低纯度的色彩则较为消沉、忧郁。无彩色中黑色性格消极,白色性格明快,灰色适中,较为平和
舒适与疲劳感	色彩的舒适与疲劳感实际上是色彩刺激视觉生理和心理的综合反应 暖色容易使人感到疲劳和烦躁不安;容易使人感到沉重、阴森、忧郁;清淡明快的色调能给人以轻松愉快的感觉
兴奋与沉静感	彩度高的红、橙、黄等鲜亮的颜色给人以兴奋感;蓝绿、蓝、蓝紫等明度和彩度低的深暗的颜色给人以沉静感

---

① 色彩的轻重感是由于人们接受物体质量刺激的同时,也接受其色彩刺激所形成的条件反射。反过来,色彩刺激总是伴随着重量感觉,因此一些色彩显得重,而另一些色彩显得轻

续表

色彩情感	产生原理与代表颜色
清洁与污浊感	有的色彩令人感觉干净、清爽,而有的浊色,常会使人感到藏有污垢 清洁感的颜色如明亮的白色、浅蓝、浅绿、浅黄等;污浊的颜色如深 灰或深褐

二、色彩性格及在室内设计中的表达

(一)红色

红色是一种热烈而欢快的颜色,它在人的心理上是热烈、温暖、冲动的颜色。[①]

红色运用于室内设计,可以大大提高空间的注目性,使室内空间产生温暖、热情、自由奔放的感觉,另外,红色有助于增强食欲,可用于厨房装饰,如图1-39所示。

图1-39 红色——热情的厨房设计

(二)绿色

绿色具有清新、舒适、休闲的特点,有助于消除神经紧张和视

---

① 红色能烘托气氛,给人以热情、热烈、温暖或完满的感觉,有时也会给人以愤怒、兴奋或挑逗的感觉。在红色的感染下人们会产生强烈的战斗意志和冲动,其有积极向上、活力、奔放、健康的感觉。

力疲劳。^① 绿色运用于室内装饰,可以营造出朴素简约、清新明快的室内气氛,见图1-40。

图 1-40　绿色——清新、明快的办公室内设计

(三)黄色

黄色具有高贵、奢华、温暖、柔和、怀旧的特点。^② 黄色是室内设计中的主色调,可以使室内空间产生温馨、柔美的感觉,见图1-41。

图 1-41　黄色——温馨的家居室内设计

---

① 绿色象征青春、成长和希望,使人感到心旷神怡,舒适平和。绿色是富有生命力的色彩,使人产生自然、休闲的感觉。

② 黄色能引起人们无限的遐想,渗透出灵感和生气,使人欢乐和振奋。黄色具有帝王之气,象征着权力、辉煌和光明;黄色高贵、典雅,具有大家风范;黄色还具有怀旧情调,使人产生古典唯美的感觉。

(四)蓝色

蓝色具有清爽、宁静、优雅的特点,象征深远、理智和诚实。[①]蓝色运用于室内装饰,可以营造出清新雅致、宁静自然的室内气氛,见图 1-42。

图 1-42 蓝色——宁静雅致的室内设计

(五)黑色

黑色具有稳定、庄重、严肃的特点,象征理性、稳重和智慧。[②]黑色运用于室内装饰,可以增强空间的稳定感,营造出朴素、宁静的室内气氛,见图 1-43 所示。

图 1-43 黑色——稳重、朴素的展厅室内设计

---

① 蓝色使人联想到天空和海洋,有镇静作用,能缓解紧张心理,增添安宁与轻松之感,宁静又不缺乏生气,高雅脱俗。

② 黑色是无彩色系的主色,可以降低色彩的纯度,丰富色彩层次,给人以安定、平稳的感觉。

（六）白色

白色具有简洁、干净、纯洁的特点，象征高贵、大方。[①] 白色运用于室内装饰，可以营造出轻盈、素雅的室内气氛，见图 1-44 所示。

图 1-44　白色——干净、高贵的银行室内设计

（七）紫色

紫色具有冷艳、高贵、浪漫的特点，象征天生丽质，浪漫温情。紫色具有罗曼蒂克般的柔情，是爱与温馨交织的颜色，尤其适合新婚的小家庭。紫色运用于室内装饰，可以营造出高贵、雅致、纯情的室内气氛，见图 1-45。

图 1-45　紫色——冷艳、高贵的贝尼多姆大使酒店室内设计

---

　　① 　白色使人联想到冰与雪，具有冷调的现代感和未来感。白色具有镇静作用，给人以理性、秩序和专业的感觉。白色具有膨胀效果，可以使空间更加宽敞、明亮。

（八）灰色

灰色具有简约、平和、中庸的特点，象征儒雅、理智和严谨。灰色是深思而非兴奋、平和而非激情的色彩，使人视觉放松，给人以朴素、简约的感觉。此外，灰色使人联想到金属材质，具有冷峻、时尚的现代感。灰色运用于室内装饰，可以营造出宁静、柔和的室内气氛，见图1-46。

图1-46 灰色——简约、时尚的室内设计

（九）褐色

褐色具有传统、古典、稳重的特点，象征沉着、雅致。褐色使人联想到泥土，具有民俗和文化内涵。褐色具有镇静作用，给人以宁静、优雅的感觉。中国传统室内装饰中常用褐色作为主调，体现出东方特有的古典文化魅力，见图1-47。

图1-47 褐色——中国传统风格的室内设计

三、室内色彩的搭配与组合设计

色彩的搭配与组合可以使室内色彩更加丰富、美观。室内色彩搭配力求和谐统一，通常用两种以上的颜色进行组合，要有一个整体的配色方案，不同的色彩组合可以产生不同的视觉效果，也可以营造出不同的环境气氛。

黄色＋茶色（浅咖啡色）：怀旧情调，朴素、柔和。

蓝色＋紫色＋红色：梦幻组合，浪漫、迷情。

黄色＋绿色＋木本色：自然之色，清新、悠闲。

黑色＋黄色＋橙色：青春动感，活泼、欢快。

蓝色＋白色：地中海风情，清新、明快。

青灰＋粉白＋褐色：古朴、典雅。

红色＋黄色＋褐色＋黑色：中国民族色，古典、雅致。

米黄色＋白色：轻柔、温馨。

黑色＋灰色＋白色：简约、平和。

第二章　室内空间的类型与分隔

　　室内空间有很多种类型,同时也有很多分隔方法,根据实际情况的不同需要,选择相应的空间设计方法是每个设计师都应遵循的原则。不论是采用何种空间构成形式,有一些通用的规律是一致的,我们既可以称其为室内空间的形式美法则,也可以叫做室内空间的构图手法。

第一节　室内空间的类型分析

　　室内空间的类型是根据建筑空间的内在和外在特征来进行区分的,具体来讲可以划分为以下几个类型。

一、开敞空间与封闭空间

　　开敞空间与外部空间有着或多或少的联系,其私密性较小,强调与周围环境的交流互动与渗透,还常利用借景与对景,与大自然或周围的空间融合。如图 2-1 所示的落地的透明玻璃窗让室外景致一览无余。相同面积的开敞空间与封闭空间相比,开敞空间的面积似乎更大。开敞空间呈现出开朗、活跃的空间性格特征。在处理空间时要合理地处理好围透关系,根据建筑的状况处理好空间的开敞形式。

　　封闭空间是一种建筑内部与外部联系较少的空间类型。在空间性格上,封闭空间是内向型的,体现出静止、凝滞的效果,具有领域感和安全感,私密性较强,有利于隔绝外来的各种干扰。为防止封闭空间的单调感和沉闷感,室内可以采用设置镜面增强反射效果、灯光造型设计和人造景窗等手法来处理空间界面,如图 2-2 所示。

图 2-1　开敞空间

图 2-2　封闭空间

二、静态空间与动态空间

静态空间的封闭性较好,限定程度比较强,具有一定的私密性。例如,卧室、客房、书房、图书馆、会议室和教室等。在这些环境中,人们要休息、学习、思考,因此室内必须保持安静。室内一般色彩清新淡雅,装饰规整,灯光柔和。静态空间一般为封闭型,限定性、私密性强;为了寻求静态的平衡,多采用对称设计(四面对称或左右对称);在设计手法上常运用柔和舒缓的线条进行设计,陈设不会运用超常的尺度,也不会制造强烈的对比,色泽、光线和谐。

动态空间是现代建筑的一种独特的形式,它是设计师在室内环境的规划中,利用"动态元素"使空间富于运动感,令人产生无限的遐想,具有很强的艺术感染力。这些手段(水体、植物、观光梯等)的运用可以很好地引导人们的视线和举止,有效地展示了室内景物,并暗示人们的活动路线。动态空间可以使用于客厅,但更多地会出现在公共的室内空间,例如,娱乐空间的舞台、商业空间的展示区域、酒店的绿化设计等,如图 2-4 所示。

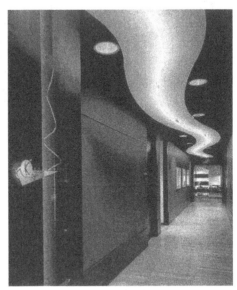

图 2-3 静态空间　　图 2-4 动态空间

三、结构空间与交错空间

结构空间是一种通过对建筑构件进行暴露来表现结构美感的空间类型，其主要特点是现代感、科技感较强，整体空间效果较质朴，如图 2-5 所示。

交错空间是一种具有流动效果，相互渗透，穿插交错的空间类型，其主要特点是空间层次变化较大，节奏感和韵律感较强，有活力，有趣味，如图 2-6 所示。

图 2-5　结构空间

图 2-6　交错空间

四、凹入空间与外凸空间

凹入空间是指将室内界面局部凹入，形成界面进深层次的一种空间类型，其主要特点是私密性和领域感较强，有一定的围护效果，可以极大地丰富墙面装饰效果，如图 2-7 所示。

外凸空间是指将室内界面的局部凸出，形成界面进深层次的一种空间类型，其主要特点是外凸部分视野较开阔，领域感强，如

图 2-8 所示。

图 2-7 凹入空间　　　　　　图 2-8 外凸空间

五、虚拟空间与共享空间

　　虚拟空间又称虚空间或心理空间，它处在大空间之中，没有明确的实体边界，依赖形体的启示，如家具、地毯、陈设等，唤起人们的联想，是心理层面感知的空间。虚拟空间同样具有相对的领域感和独立性。对虚拟空间的理解可以从两方面入手：一种是以物体营造的实际虚拟空间；另一种是指以照明、景观等设计手段创造的虚拟空间，它是人们心理作用下的空间。虚拟空间多采用列柱隔断，水体分隔，家具、陈设和绿化隔断以及色彩、材质分隔等形式对空间进行界定和再划分，如图 2-9 所示。

　　共享空间是指将多种空间体系融合在一起，在空间形式的处理上采用"大中有小，小中有大，内外镶嵌，相互穿插"的手法而形成的一种层次分明、丰富多彩的空间环境，如图 2-10 所示。共享空间一般处在建筑的主入口处；常将水平和垂直交通连接为一体；强调了空间的流通、渗透、交融，使室内环境室外化，室外环境室内化。

图 2-9　虚拟空间

图 2-10　共享空间

六、下沉式空间与地台空间

　　下沉式空间是一种领域感、层次感和围护感较强的空间类型,它是将室内地面局部下沉,在统一的空间内产生一个界限明确,富有层次变化的独立空间。其主要特点是空间界定性较强,有一定的围护效果,给人以安全感,中心突出,主次分明,如图 2-11 所示。

地台空间是将室内地面局部抬高,使其与周围空间相比变得醒目与突出的一种空间类型,其主要特点是方位感较强,有升腾、崇高的感觉,层次丰富,中心突出,主次分明,如图 2-12 所示。

图 2-11　下沉式空间　　　　　　图 2-12　地台空间

第二节　室内空间的分隔

室内空间的分隔是在建筑空间限定的内部区域进行的,它要在有限的空间中寻求自由与变化,在被动中求主动,是对建筑空间的再创造。一般情况下,对室内空间的分隔可以利用隔墙与隔断、建筑构件和装饰构件、家具与陈设、水体、绿化等多种要素,按不同形式进行分隔。

一、室内隔断的分隔

室内空间常以木、砖、轻钢龙骨、石膏板、铝合金、玻璃等材料进行分隔。形式有各种造型的隔断、推拉门和折叠门以及各式屏风等,如图 2-13 所示的木质隔断。

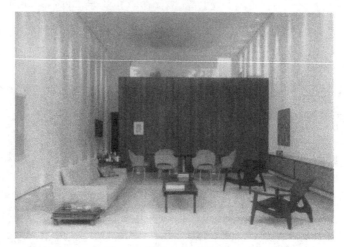

图 2-13   木质隔断分隔出的办公空间休息接待区

一般来说,隔断具有以下特点。

①隔断有着极为灵活的特点。设计师可以按需要设计隔断的开放程度,使空间既可以相对封闭,又可以相对通透。隔断的材料与构造决定了空间的封闭与开敞。

②隔断因其较好的灵活性,可以随意开启,在展示空间中的隔断还可以全部移走。因此,十分适合当下工业化的生产与组装。

③隔断有着丰富的形态与风格。这需要设计师对空间的整体把握,使隔断与室内风格相协调。例如,新中式风格的室内设计就可以利用带有中式元素的屏风分隔室内不同的功能区域。

④在对空间进行分隔时,对于需要安静和私密性较高的空间可以使用隔墙来分隔。

⑤住宅的入口常以隔断(玄关)的形式将入口与起居室有效地分开,使室内的人不会受到打扰,它起到遮挡视线、过渡的作用。

二、室内构件的分隔

室内构件包括建筑构件与装饰构件。例如,建筑中的列柱、楼梯、扶手属于建筑构件;屏风、博古架、展架属于装饰构件。构件分隔既可以用于垂直立面上,又可以用于水平的平面上。例如,图 2-14 所示的室内构件划分的空间。

图 2-14 室内构件分隔出的居室通道

一般来说,构件的形式与特点有如下几个方面。

①对于水平空间过大、超出结构允许的空间,就需要一定数量的列柱。这样不仅满足了空间的需要,还丰富了空间的变化,排柱或柱廊还增加了室内的序列感。相反宽度小的空间若有列柱,则需要进行弱化。在设计时可以与家具、装饰物巧妙地组合,或借用列柱做成展示序列。

②对于室内过分高大的空间,可以利用吊顶、下垂式灯具进行有效的处理,这样既避免了空间的过分空旷,又让空间惬意、舒适。

③对于钢结构和木结构为主的旋转楼梯、开放式楼梯,本身既有实用功能,同时对空间的组织和分割也起到了特殊作用。

④环形围廊和出挑的平台可以按照室内尺度与风格进行设计(包括形状、大小等),它不但能让空间布局、比例、功能更加合理,而且围廊与挑台所形成的层次感与光影效果,也为空间的视觉效果带来意想不到的审美感受。

⑤各种造型的构架、花架、多宝格等装饰构件都可以用来按需要分隔空间。

三、家具与陈设的分隔

家具与陈设是室内空间中的重要元素,它们除了具有使用功能与精神功能之外,还可以组织与分隔空间。这种分隔方法是利用餐桌椅、小柜、沙发、茶几等可以移动的家具,将室内空间划分成几个小型功能区域,例如,商业空间的休息区、住宅的娱乐视听区。这些可以移动的家具的摆放与组织还有效地暗示出人流的走向。

图 2-15　家具分隔出的会客厅

室内家电、钢琴、艺术品等大型陈设品也对空间起到调整和分隔作用。家具与陈设的分隔让空间既有分隔,又相互联系。其形式与特点有如下几个方面。

①住宅中起居室的主要家具是沙发,它为空间围合出家庭的交流区和视听区。沙发与茶几的摆放也确定了室内的行走路线。

②公共的室内空间与住宅的室内空间都不应将储物柜、衣柜等储藏类家具放置在主要交通流线上,否则会造成行走与存取的不便。

③餐厨家具的摆放要充分考虑人们在备餐、烹调、洗涤时的动线,做到合理的布局与划分,缩短人们在活动中的行走路线。

④公共办公空间的家具布置要根据空间不同区域的功能进行安排。例如,接待区要远离工作区;来宾的等候区要放在办公空间的入口,以免使工作人员受到声音的干扰。内部办公家具的布局要依据空间的形状进行安排设计,做到动静分开、主次分明。合理的空间布局会大大提高工作人员的工作效率。

四、绿化与水体的分隔

室内空间的绿化、水体的设计也可以有效地分隔空间。具体来说,其形式与特点有如下几个方面。

①植物可以营造清新、自然的新空间。设计师可以利用围合、垂直、水平的绿化组织创造室内空间。垂直绿化可以调整界面尺度与比例关系;水平绿化可以分隔区域、引导流线;围合的植物创造了活泼的空间气氛。如图 2-16 所示为由树枝装饰的入口玄关。

②水体不仅能改变小环境的气候,还可以划分不同功能空间。瀑布的设计使垂直界面分成不同区域;水平的水体有效地扩大了空间范围。

③空间之中的悬挂艺术品、陶瓷、大型座钟等小品不仅可以划分空间,还成为空间的视觉中心。

图 2-16　由树枝装饰的玄关

五、顶棚的划分

在空间的划分过程中,顶棚的高低设计也影响了室内的感受。设计师应依据空间设计高度变化,或低矮或高深。其形式与特点有如下几个方面。

①顶棚照明的有序排列所形成的方向感或形成的中心,会与室内的平面布局或人流走向形成对应关系,这种灯具的布置方法经常被用到会议室或剧场。

②局部顶棚的下降可以增强这一区域的独立性和私密性。酒吧的雅座或西餐厅餐桌上经常用到这种设计手法。

③独具特色的局部顶棚形态、材料、色彩以及光线的变幻能够创造出新奇的虚拟空间。如图 2-17 所示,顶棚的图案就凸显出这一空间的功能。

图 2-17 顶棚划分的阳光房

④为了划分或分隔空间,可以利用顶棚上垂下的幕帘来进行划分。例如,住宅中或餐饮空间常用布帘、纱帘、珠帘等分隔空间。

六、地面的划分

利用地面的抬升或下沉划分空间,可以明确界定空间的各种功能分区。除此之外,用图案或色彩划分地面,被称为虚拟空间。其形式与特点有如下几个方面。

①区分地面的色彩与材质可以起到很好地划分和导识作用。如图 2-18 所示,石材与木质地面将空间明确地分成阅读区和会客区。

②发光地面可以用在物体的表演区。

③在地面上利用水体、石子等特殊材质可以划分出独特的功

能区。

④凹凸变化的地面可以用来引导残疾人顺利的通行。

图 2-18　地面划分的书房

第三章　室内空间形态表现与细部设计

室内空间具有多种多样的类型,按照功能的不同可以分为居住空间、办公空间、商业空间、娱乐空间、餐饮空间等,每一种空间的形态表现都有各自的特征。与此同时,不同的空间类型在设计过程中都要注重各自的细部设计,室内空间的每一部分的完美结合才能达到最好的装饰效果。

第一节　不同类型的室内空间形态表现与设计

一、居住空间的设计

(一)玄关设计

玄关按照《辞海》中的解释是指佛教的入道之门,演变到后来泛指厅堂的外门。现在,经过长期的约定俗成,玄关指的是房门入口的一个区域。

玄关是住宅装饰的第一道风景,在一定程度上体现着主人的审美品位和情趣,在设计时应注意以下几个方面。

1.玄关造型样式的选择

玄关的造型应与室内整体风格保持一致,力求简洁、大方。玄关的造型主要有四种形式:玻璃半通透式,自然材料隔断式,列柱隔断式,古典风格式等四种,见图3-1~图3-4。

图 3-1　玻璃半通透式玄关

图 3-2　自然材料隔断的玄关

图 3-3　列柱隔断的玄关

图 3-4　古典屏风隔断的玄关

各玄关样式及其设计,见表 3-1 所示。

表 3-1　玄关样式及其设计

样式类别	不同样式玄关的设计
玻璃半通透式	运用有肌理效果的玻璃来隔断空间的形式,如磨砂玻璃、裂纹玻璃、冰花玻璃、工艺玻璃等。这样可以使玄关空间看上去有一种朦胧的感觉,使玄关和客厅之间隔而不断。
自然材料隔断式	运用竹、石、藤等自然材料来隔断空间的形式,这样可以使玄关空间看上去朴素、自然。
列柱隔断式	运用几根规则的立柱来隔断空间的形式,这样可以使玄关空间看上去更加通透,使玄关空间和客厅空间很好的结合和呼应。
古典风格式	运用中式和欧式古典风格中的装饰元素来设计玄关空间,如中式的条案、屏风、瓷器、挂画,欧式的柱式、玄关台等。这样可以使玄关空间更加具有文化气息和古典、浪漫的情怀。

2. 玄关材料的选择

玄关是一个过道,是容易弄脏的地方,其地面宜用耐磨损、易清洁的石材或颜色较深的陶质地砖。这样不仅便于清扫,而且使玄关看上去清爽、华贵且气度不凡。

3. 玄关灯光及色彩的设计

玄关是室外进入室内的第一场所,应尽量营造出优雅、宁静的空间氛围。灯光的设置不可太暗,以免引起短时失明。玄关的色彩不可太艳,应尽量采用纯度低、彩度低的颜色。

(二)客厅设计

客厅的主要功能区域可以划分为家庭聚谈区、会客接待区和视听活动区三个部分,不同区域有着不同的设计。

1. 家庭聚谈区和会客区的设计

客厅是家庭成员团聚和交流感情的场所,也是家人与来客会谈交流的场所,一般采用几组沙发或座椅围合成一个聚谈区域来实现。客厅沙发或座椅的围合形式一般有单边形、L 形、U 形等。

图 3-5 U 形沙发

2.视听活动区的设计

视听活动区是客厅视觉注目的焦点。人们每天需要接收大量的信息,坐在视听区内听音乐、欣赏影视图像不仅可以获取最新的资讯信息,还可以消除一天的疲劳,放松身心。视听活动区的设计主要根据沙发主座的朝向而定。通常视听区布置在主座的迎立面或迎立面的斜角范围内,以使视听区域构成客厅空间的主要目视中心,并烘托出客主和谐、融洽的气氛。

(1)试听活动区的组成及电视墙的形式的选择

视听活动区一般由电视柜、电视背景墙和电视视听组合等部分组成。电视背景墙是客厅中最引人注目的一面墙,是客厅的视觉中心。视听活动区可以通过别致的材质,优美的造型来表现,主要有以下几种形式,见表 3-2。

表 3-2　电视墙的形式

形式类别	各形式的特征
古典对称式	中式和欧式风格都讲究对称布局,它具有庄重、稳定、和谐的感觉。
材料多样式	利用不同装饰材料的质感差异,使造型相互突出,相映成趣。
重复式	利用某一视觉元素的重复出现来表现造型的秩序感、节奏感和韵律感。
形状多变式	利用形状的变化和差异来突出造型,如曲与直的变化、方与圆的变化等。
深浅变化式	通过色彩的明暗和材料的深浅变化来表现造型的形式。这种形式强调主体与背景的差异,主体深,则背景浅;主体浅,则背景深。两者相互突出、相映成趣。

(2)客厅风格及陈设

客厅的风格多样,有优雅、高贵、华丽的古典式,也有简约、时尚、浪漫的现代式。

客厅的陈设体现了主人的爱好和审美品位,可根据客厅的风格来配置。古典风格配置古典陈设品,现代风格配置现代陈设品,不同风格的陈设品在客厅中往往能起到画龙点睛的作用,使客厅看上去更加生动、活泼。

(3)客厅墙面的处理

客厅的墙面通常用乳胶漆、墙纸或木饰面板来装饰,视听背景墙是装饰的重点,靠阳台的墙面以玻璃推拉门为主,这样可以使客厅获得充足的采光和清新的空气,保证客厅的空气流通,并调节室温。

(4)客厅地面的处理

客厅的地面可采用耐脏、易清洁、光泽度高的抛光石材,也可采用温和、质朴、吸音隔热良好的木地板。另外,也可以适当摆设绿色植物,调节单调的气氛。

(三)卧室设计

1.主卧室的设计

(1)睡眠区的设计

睡眠区由床、床头柜、床头背景墙和台灯等组成。床应尽量靠墙摆放,其他三面临空。床不宜正对门,否则使人产生房间狭小的感觉,开门见床也会影响私密性。床应适当离开窗口,这样可以降低噪声污染和顺畅交通。医学研究表明,人的最佳睡眠方向是头朝南,脚朝北,这与地球的磁场相吻合,有助于人体各器官和细胞的新陈代谢,并能产生良好的生物磁化作用,达到催眠的效果,提高睡眠质量。床应近窗,让清晨的阳光射到床上,有助于吸收大自然的能量,杀死有害微生物。

床头柜和台灯是床的附属物件,可以存放物品和提供阅读采光,一般配置在床的两侧。床头背景墙是卧室的视觉中心,它的设计以简洁、实用为原则,可采用挂装饰画、贴墙纸和贴饰面板等装饰手法,其造型也可以丰富多彩。

(2)梳妆阅读区和衣物贮藏区的设计

梳妆阅读区主要布置梳妆台、梳妆镜和学习工作台等,衣物贮藏区主要布置衣柜和储物柜。

（3）天花、地面的处理

主卧室的天花可装饰简洁的石膏脚线或木脚线,如有梁需做吊顶来遮掩,以免造成梁压床的不良视觉效果。地面采用木地板为宜,也可铺设地毯,以增强吸音效果。

图 3-6　主卧室的设计

2.老年人卧室的设计

老年人有着丰富的人生阅历和经验,因此,老年人卧室的设计应以稳重、幽静为宗旨。老年人重视睡眠质量,他们喜欢白的素雅的墙壁,甚至不再追求时尚。此外,深色调沉着而有内涵,符合老年人的审美。

老年人由于行动不便,所以卧室内的家具以木质为佳。老年人喜欢安静,对声音很敏感,因此,卧室内的门窗和墙壁隔音效果要好,使老人不受外界喧哗的影响。老人夜晚起夜较勤,加之老人视力不好,因此,既要有较强的识路灯光,又要有较弱的睡眠灯光。

图 3-7　老年人卧室

3.儿童卧室设计

儿童卧室设计的宗旨是"让儿童在自己的空间内健康成长，培养独立的性格和良好的生活习惯"。

儿童卧室设计时应考虑婴儿期、幼儿期和青少年期三个不同年龄阶段的儿童性格特点，针对儿童不同年龄阶段的生理、心理特征来进行设计，见表 3-3。

表 3-3　儿童卧室的设计

不同时期	卧室的设计
婴儿时期 （从出生到满 1 岁以前一段时期的儿童）	这一时期由于处于待哺乳状态,因此婴儿房通常设置在主卧室的育婴区。儿童半岁以后可以添置生动有趣的婴儿床和婴儿玩具

续表

不同时期	卧室的设计
幼儿时期 (幼儿期指1—6岁的儿童,又称学前期)	学前儿童的房间侧重于睡眠区的安全性,并有充足的游戏空间。因幼儿期儿童年龄较小,生活自理能力不足,房间应与父母房相邻。幼儿期儿童的卧室应保证充足的阳光和新鲜的空气,这样对儿童身体的健康成长有重要作用。房间内的家具应采用圆角及柔软材料,保证儿童的安全,同时这些家具又应极富趣味性,色彩艳丽,大方,有助于启发儿童的想象力和创造力。卧室的墙面和天花造型设计可以极具想象力,如运用仿生的设计原理,将造型设计成树木、花朵、海浪等。儿童天性怕孤独,可以摆放各种玩具供其玩耍。针对幼儿期儿童好奇、好动的特点,可以划分出一块儿童独立生活玩耍的区域,地面上铺木地板或泡沫地板,墙面上装饰五彩的墙纸或留给儿童自己涂抹的生活墙。
青少年时期 (青少年期指6—18岁的儿童)	这一时期的儿童已经入学,对事物的认知能力显著提高,也渴望获得知识。青少年期的儿童富于幻想,好奇心强,读书、写字成为生活中必行的事情。因此,在儿童房间内要专门设置学习区域,学习区域由写字台(或电脑台)、书架、书柜、学习椅和台灯等共同组成。 青少年期是儿童学习的黄金时期,也是培养儿童优良品质,发展优雅爱好,陶冶高尚情操的时期,在房间布置上应把握立志奋发的主题,如在墙上悬挂一些名言警句,在桌上摆放象征积极向上的工艺品等。 青少年期儿童房间的色彩应体现出男女的差异,男生比较喜欢蓝色、青绿色等冷色;女生则比较喜欢粉红色、苹果绿色、紫红色、橙色等暖色。

(四)厨房及餐厅设计

1.厨房设施、用具的布置

厨房设计时,设施、用具的布置应充分考虑人体工程学中对人体尺度、动作域、操作效率、设施前后左右的顺序和上下高度的合理配置。厨房内操作的基本顺序为:洗涤—配制—烹饪—备餐,各环节之间按顺序排列,相互之间的距离为450~600mm,操作时省时方便。

2.厨房操作台、储物柜的设计

厨房的操作台、储物柜等可以由木工现场制作,但是从发展趋势、减少现场操作和改进面层制作质量来看,应逐步走向工厂化制作、现场安装的模式。

3.厨房地面、墙面的设计

厨房的各个界面应考虑防水和易清洗,通常地面可采用陶瓷类同质地砖,墙面用防水涂料或面砖,平顶以白面防水涂料即可。

图 3-8　厨房设计

4.餐厅设计

餐室的位置应接近厨房,其可以是单独的房间,也可从起居室中以轻质隔断或家具分隔成相对独立的用餐空间。家庭餐室宜营造亲切、淡雅的家庭用餐氛围,餐室中除设置就餐桌椅外,还可设置餐具橱柜等。

图 3-9　厨餐合一

（五）卫生间设计

　　卫生间是家庭中处理个人卫生的空间，它与卧室的位置应靠近，且同样具有较高的私密性。卫生间各界面材质应具有较好的防水性能，且易于清洁，地面防滑极为重要，常选用的地面材料为陶瓷类同质防滑地砖，路面为防水涂料或瓷质路面砖，吊顶需有防水性能。①

图 3-10　卫生间设计

――――――――

　　①　根据世界卫生组织称污水管内空气倒流是 2003 年香港淘大花园导致非典疫情的重要原因之一，因此，室内各排污系统将面临挑战，需要从根本上加以改革，对控制气体倒流的存水弯、地漏水缝等能否达到合格标准，能否真正起到控制空气倒流的作用，也是不容忽视的问题，应随时加以检修，以防万一。

（六）书房设计

1. 书房家具的设计

书房的家具有书桌、办公椅和书架等。

书桌的高度应为 750～800mm，桌下净高不小于 580mm，座椅的坐高为 380～450mm，也可采用可调节式座椅，使不同高度的人得到舒适的坐姿。书架厚度为 300～400mm，高度为 2100～2300mm（也可到顶）。

2. 书房的形状设计

书房可布置成单边形、双边形和 L 形。单边形是将书桌与书柜相连放在同一面墙上，这样布置较节约空间；双边形是将书桌与书柜放在相平行的两条直线上，中间以座椅来分隔，这样布置更加方便取阅，提高了工作效率；L 形是将书桌与书柜成 90°角交叉布置，这种布置方式是较为理想的一种，既节约空间，又便于查阅书籍。

图 3-11　书房的设计

二、办公空间的设计

（一）办公空间的类型与特点

1. 办公空间的管理方式

单位或机构的专用办公空间——整栋大楼按本单位或机构的实际情况来整体规划设计。

由发展商建设并管理的办公空间——它是出租给不同客户的，故应根据各用户按各自的需要规划设计。

智能型和高科技的专业办公空间——整体公共空间通道、楼梯、大堂由发展商统一策划、设计，各单位空间由用户自行设计。

2. 办公空间的使用性质

行政性办公空间——各级机关、团体、企事业单位以及各类经济企业等的办公空间。

专业性办公空间——各类设计机构、商业、贸易、金融等行业的办公空间。

综合性办公空间——同时具有商场、餐饮、娱乐、公寓及办公综合设施等的办公空间。

3. 办公空间的设计类型

①开敞式办公室空间（图 3-12）。

②单元型办公室空间（图 3-13）。

③公寓型办公室空间（图 3-14）。

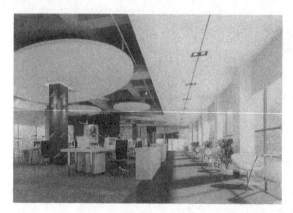

图 3-12

图 3-13

图 3-14

（二）办公空间的设计要素

1.空间形态能方便内部交流与对外协作

不同性质的企业其办公的工作流程和工作方式也不尽相同。在进行办公空间的设计时，了解企业的内部关系及工作流程对空间形态的构成极其重要。在单元型办公空间设计时，有密切工作关系的办公空间的设置应相邻、相近，方便沟通与协作，能促进工作中人与人之间的相互交流和良好互动，建立合作精神。现代办公家具灵活多变的组合功能，可根据各部门人员配置及配套设施的功能需求进行自由组合与合理搭配（图3-15）。

图3-15 办公室内的组合

2.视觉识别性能方便企业形象的对外认知

不同公司的企业形象、鲜明特点的背景空间，能展示企业文化和管理理念。在大型办公空间中要以"导向"为目的设计，根据环境中人的"动线"（移动方向）的分析，在设定平面动线后，选择相应的功能区域的明显位置来设置标识，以赋予指示功能。在现代办公空间设计中，应充分利用标识的色彩、造型，将其融合在室内环境中，不仅实现了清晰的指引功能，还方便外界在室内空间中对本机构的企业文化得到感观认知（图 3-16）。

图 3-16　企业文化宣传

（三）办公空间的功能配置

工作区域空间是整个办公空间的核心内容，如职员办公室、主管办公室等，它们占的面积较大，也是公司运作的主要力量，在设计上应尽量体现舒适（图 3-17），同时在空间设计中要让员工对企业产生认同感。

图 3-17　工作区域空间

公共区域空间主要是用于办公室进行聚会、展示、接待、洽谈及会务等活动需求的空间，如会客室、接待室、各类会议室、阅览展厅、多功能厅等（图 3-18），其具体应根据已有空间大小、尺度关系使用容量等来确定。

图 3-18 公共区域空间

交通流线区域空间主要是指用于楼内联系的空间，一般分为水平交通及垂直交通联系的空间。水平交通联系的空间有门厅、大堂、走廊、电梯厅等（图 3-19），垂直交通联系的空间有电梯、楼梯、自动梯等（图 3-20）。交通空间有时也是表达企业理念和产品展示的很好的地方。

图 3-19 水平交通流线区域

图 3-20　垂直交通流线区域

　　配套服务空间主要是为主要办公室提供信息和资料的收集、整理存放需求的空间,并且为员工提供生活、卫生服务和后勤管理的空间。通常有资料室、档案室、文印室、电脑机房、晒图室、更衣室、休息厅、餐厅、开水间、洗手间以及后勤管理办公室等(图 3-21)。

图 3-21　配套服务空间

三、商业空间的设计

商业空间泛指日常生活中为人们购物所提供的商业活动的各种功能空间、场所,产品的销售渠道大多是通过商场流向购买者手中的,在商品活动中商场起着了解消费需求、商品评价、预测市场前景,协调产销关系的作用。

(一)商业空间的类型与特点

按照我国零售业态发展的客观进程,在国际通行的业态分类总体框架下进行必要的合并,把零售业态分为五大类进行统计,即百货商店、超级市场、专卖店、连锁店、购物中心。

1.百货商店

百货商店指在一个建筑物内,集中了若干专业的商品部并向顾客提供多种类、多品种商品及服务的综合性零售形态(图3-22)。

图 3-22　百货商店

2.超级市场

超级市场是指采取自选销售方式,以销售大众化生活用品为

主,满足顾客一次性购买多种商品及服务的综合性零售形态(图
3-23)。

图 3-23　超级市场

3.专卖店

专卖店是指专门经营某类商品或某种品牌的系列商品,满足
消费者对某类(种)商品多样性需求的零售形态。

4.连锁店

连锁店是西方国家零售商业普遍采用的一种有效的组织经
营方式。其特征是:经营同类商品;使用统一商号;统一采购配
送,采购与销售相分离(图 3-24)。

5.购物中心

购物中心是一组零售商店及有关的商业设施的群体组合,其
间有百货商店、超级市场、专业店、品牌专卖店、美容美发店、彩扩
店、饭店、快餐厅、游戏厅、小影视厅、画廊等,集购物、休闲、娱乐、
美食和其他服务功能于一体,建筑面积较大(图 3-25)。

图 3-24 连锁店

图 3-25 龙旗购物中心

（二）商业空间的设计要素

设计商业空间首先要了解、掌握经营者的总体思路,然后才是研究经营者的总体策划、投资规模、经营方式、管理方式、营业范围、商品种类,并在上述条件的基础之上进行全方位的综合可行性分析,提出设计初步构想。在此基础上要深入研究以下三个要素。

商品——研究商品:进入商场的顾客大多数的目的是买"商品",而商场经营者开设商店的基本目的是为了"销售商品"以求得最终获取商业利益。

消费者——研究消费者(具备一定消费能力和消费欲望的人群):商品失去消费者,商品消费就失去了主体,商品的买卖也就无从谈起。

消费——研究消费、购买过程:商场是提供消费、购买行为的场所,是促进购买行为的实现地。

1.中庭设计

一个大的商业中心往往有一个或几个中庭,由于其构成的严肃多样性以及尺度的复杂性,使之成为整个商业中心设计的重点。中庭的设计元素主要包括绿化、水井以及其他一些营造气氛的特性元素(图 3-26)。

图 3-26　中庭设计

2.店面与橱窗设计

店面和橱窗设计是最能体现创意的部分,要吸引顾客,店面设计一定要有吸引力,所以店面设计是商场最具有表现力的一部分（图 3-27）。

图 3-27　店面与橱窗

3.导购系统的设计

如果商场是本书的话，导购系统就是书的目录，它的设计要简洁、明显（图 3-28）。

4.配套设施的设计

在大型购物中心商场里面配套的设施主要指卫生间、停车场、广场、办公室以及商场里面的艺术品等等，在商场设计当中要全面考虑。

5.商业灯光设计

商业灯光设计是非常重要的，要将基本照明、特殊照明、装饰照明合理地配合，在视觉上增加商场空间的层次，从而引发消费者发生购买行为（图 3-29）。

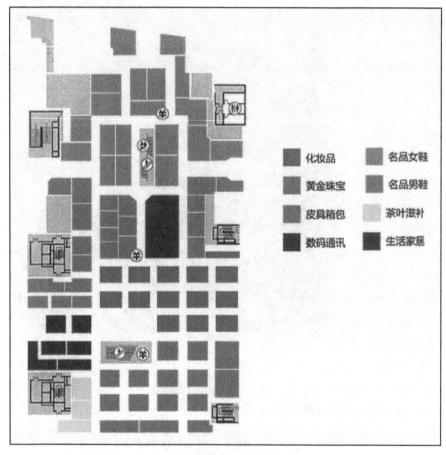

化妆品　　　名品女鞋

黄金珠宝　　名品男鞋

皮具箱包　　茶叶滋补

数码通讯　　生活家居

图 3-28　导购系统

图 3-29　商业灯光设计

四、娱乐空间的设计

（一）娱乐空间的基本概念

娱乐项目有很多不同的模式，娱乐业从最早期的歌舞厅、夜总会式歌剧院、迪斯科、综合性酒吧到今天的夜总会、量贩式KTV、娱乐会所等，经历了一个漫长的过程（图3-30）。

图 3-30 现代娱乐场所

（二）娱乐空间的分类

1.夜总会

夜总会常被人们形容为衣香鬓影、纸醉金迷，其娱乐模式为唱歌跳舞、掷骰饮酒、丽影相伴等。在这种模式下既要照顾二人世界的娱乐空间，也要考虑到集体共乐的公共气氛。

2.娱乐会所

娱乐会所的主要特征是更具有私密性，以接待为主，使顾客有一个典雅、安全、舒适的娱乐环境(图 3-31)。

图 3-31　娱乐会所

3.迪斯科

劲歌热舞、激情四溢是迪斯科的写照;音响强劲、集体共舞、狂欢豪饮是迪斯科的娱乐模式。

4.表演吧

在酒吧中兼带有二三人的小型表演,使歌手与客人打成一片。

5.表演厅

表演厅顾名思义是以表演为主,到表演厅欣赏节目的顾客大都是家人、情侣或三五知己,他们大都是带着观赏、消遣等目的去消费。

6.量贩式 KTV

量贩式 KTV 是以唱歌为主的娱乐模式,对音响要求较高,消费客源以白领工薪族、家庭、同学聚会、生日 Party 为主。

(三)娱乐空间的设计要素

1.总体平面规划

娱乐空间的功能组织形式的特点具有多样性,很难把它们的内容进行统一。其功能分区应以合理、便于管理为基本原则,分清内管理外营业,按静、动、闹三类活动分区,在动线上要做到简捷流畅,在出入交通部位,明确表达各类活动用房的相对位置关系。平面的功能与整体空间、经营策划是密不可分的,它是否合理很大程度决定了以后经营的成败。它是设计、策划、经营三者的综合体,是项目成功的保证。

2.装饰风格的设计

设计风格与娱乐模式的相匹配是装饰硬件的重要部分。如夜总会与娱乐会所的装饰风格要求较为接近,这类身份的群体大都喜欢稳重、简洁的装饰风格。慢摇吧与迪斯科以年轻人为主,时尚、新潮、别致的装饰风格会对他们有着一定的吸引力。在表演厅与表演吧中客人视线更多的时间都是集中在表演台上,所以场所的整体风格只需大方得体、色彩明快即可。

第二节　室内空间细部设计

一、地面设计

(一)室内楼地面的组成

室内楼地面的基本结构主要由基层、垫层和面层等组成,同时为满足使用功能的特殊性还可增加相应的构造层,如结合层、找平层、找坡层、防火层、填充层、保温层、防潮层等。

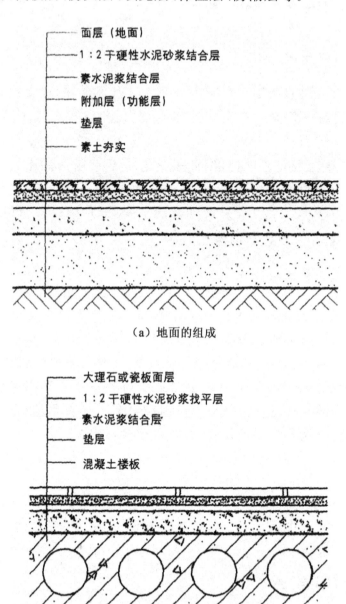

面层（地面）

1:2干硬性水泥砂浆结合层

素水泥浆结合层

附加层（功能层）

垫层

素土夯实

（a）地面的组成

大理石或瓷板面层

1:2干硬性水泥砂浆找平层

素水泥浆结合层

垫层

混凝土楼板

（b）楼面的组成

图 3-32　地面和楼面的组成

（二）室内楼地面的分类

室内楼地面的类型可从材料和构造形式两方面来分类。

室内楼地面根据材料分类主要有水泥类楼地面、陶瓷类楼地面、石材类楼地面、木质类楼地面、软质类楼地面、塑料类楼地面、涂料类楼地面等。

室内楼地面根据构造形式分类主要有整体式楼地面、板块式楼地面、木（竹）楼地面、软质楼地面等。

地毯的使用已有悠久的历史，如今地毯已从单一的实用功能逐步发展成一种具有欣赏价值的艺术品。室内装饰中，它以色彩多样，图案丰富，行走舒适，可营造出富贵、华丽的氛围而在全世界被广泛应用，成为重要的铺地材料之一。

图 3-33　木质地板

图 3-34　室内地毯

（三）室内楼地面的装饰要求

室内楼地面的装饰装修,因空间、环境、功能以及设计标准的不同而有所差异,总体来看应着重注意下面几点。

1. 舒适性

行走舒适感:室内楼地面首先需满足人行走时的舒适感,应平整、光洁、防滑、不易起尘起灰、易清洁、不潮湿、不渗漏、坚固耐用。

热舒适感:室内楼地面宜结合材料的导热、散热性能以及人的感受等综合因素加以考虑,使室内楼地面具有良好的保温、散热功效,给人以冬暖夏凉的感受。

声舒适感:室内楼地面应有足够的隔音、吸声性能,可以隔绝空气声、撞击声、摩擦声,满足基本的建筑隔音、吸声要求。

2. 空间感

室内楼地面装饰装修必须同天棚、墙面、室内家具、植物统一设计,综合考虑色彩、光影,从而达到整体协调的空间效果。

3. 耐久性

室内楼地面在具备舒适性、装饰性的同时,更应根据使用环境、状况及材料特性来选择楼地面的材质,使其具备足够的强度和耐久性,经得起各种物体、设备的直接撞击、磨损。

4. 安全性

室内装修往往重视装饰而忽略安全,但装饰性与安全性同等重要。楼地面装饰装修的安全性主要是指地面自身的稳定性以及材料的安全性,它包括防滑、阻燃、绝缘、防雨、防潮、防渗漏、防腐、防蚀、防酸碱等。

二、天棚设计

（一）天棚的概念

天棚在建筑装饰装修中又称顶棚、天花，一般是指建筑空间的顶部。作为建筑空间顶界面的天棚，可通过各种材料和构造技术组成形式各异的界面造型，从而形成具有一定使用功能和装饰效果的建筑装饰装修构件。

天棚是空间围合的重要元素，在室内装饰中占有重要的地位，它和墙面、地面构成了室内宅间的基本要素，对空间的整体视觉效果产生了很大的影响，其装修给人最直接的感受就是为了美化、美观。随着现代建筑装修的要求越来越高，天棚装饰被赋予了新的特殊的功能和要求：保温、隔热、隔音、吸声等，利用天棚装修来调节和改善室内热环境、光环境、声环境，同时作为安装各类管线设备的隐蔽层。

图 3-35　天棚装饰

（二）天棚的分类

天棚的形式多种多样，随着新材料、新技术的广泛应用，产生了许多新的吊顶形式。

按不同的功能分有隔声、吸音天棚，保温、隔热天棚，防火天棚，防辐射天棚等。

按不同的形式分有平滑式、井字格式、分层式、浮云式等。

按不同的材料分有胶合板天棚、石膏板天棚、金属板天棚、玻璃天棚、塑料天棚、织物天棚等。

按不同的承受荷载分有上人天棚、不上人天棚。

按不同的施工工艺分有抹灰类天棚、裱糊类天棚、贴面类天硼、装配式天棚。

尽管天棚的装饰装修形式、手法、工艺等千变万化，但从构造技术上看，天棚可分为直接式和悬吊式两大类。

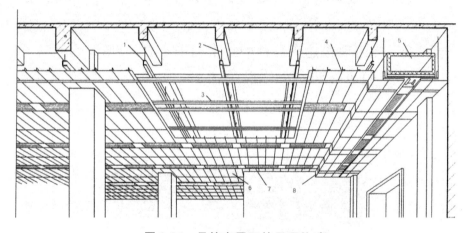

图 3-36　悬挂在屋下的吊顶构造
1—主龙骨；2—吊筋；3—次龙骨；4—间距龙骨；
5—风道；6—吊顶面层；7—灯具；8—出风口

（三）天棚的装饰材料

1.骨架材料

骨架材料在室内装饰装修中主要用于天棚、墙体、棚架、造型、家具的骨架，起支撑、固定和承重的作用。室内装修工程常用骨架材料有木质和金属两大类。

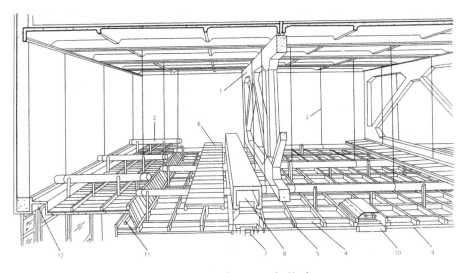

图 3-37 上人吊顶天棚构造

1—屋架;2—主龙骨;3—吊筋;4—次龙骨;5—间距龙骨;6—检修走道;
7—出风口;8—风道;9—吊顶面层;10—灯具;11—暗藏式灯槽;12—窗帘盒

吊顶木龙骨材料分为内藏式木骨架和外露式木骨架两类。

内藏式木骨架隐藏在天棚内部,起支撑、承重的作用,其表面覆盖有基面或饰面材料,一般用针叶木加工成截面为方形或长方形的木条。

外露式木骨架直接悬挂在楼板或装饰面层上,骨架上没有任何覆面材料,如外露式格栅、棚架、支架及外露式家具骨架,属于结构式天棚吊顶,主要起装饰、美化的作用,常用阔叶木加工而成。

室内装修常用金属吊顶,骨架材料有轻钢龙骨和铝合金龙骨两大类。

轻钢龙骨是以镀锌钢板或冷轧钢板经冷弯、滚轧、冲压等工艺制成,根据断面形状分为 U 型龙骨、C 型龙骨、V 型龙骨、T 型龙骨。

U 型龙骨、T 型龙骨主要用来做室内吊顶,又称吊顶龙骨。U 型龙骨有 38、50、60 三种系列,其中 50、60 系列为上人龙骨,38系列为不上人龙骨。

C 型龙骨主要用于室内隔墙又叫隔墙龙骨,有 50 和 75 系列。

V 型龙骨又叫直卡式 V 型龙骨,是近年来较流行的一种新型吊顶材料。

轻钢龙骨应用范围广,具有自重轻,刚性强度高,防火、防腐性好,安装方便等特点,可装配化施工,适应多种覆面(饰面)材料的安装。

铝合金龙骨是钢通过挤(冲)压技术成型,表面施以烤漆、阳极氧化、喷塑等工艺处理而成,根据其断面形状分为 T 型龙骨、LT 型龙骨。

铝合金龙骨质轻有较强的抗腐蚀、耐酸碱能力,防火性好,加工方便,安装简单等特点。

图 3-38　金属龙骨

2.覆面材料

覆面材料通常是安装在龙骨材料之上,可以是粉刷或胶粘的基层,也可以直接由饰面板作覆面材料。室内装饰装修中用于吊顶的覆面材料很多,常用的有胶合板、纸面石膏板、装饰石膏板、矿棉装饰吸声板、金属装饰板等。

(1)胶合板

胶合板又叫木夹板,是将原木蒸煮,用旋切或刨切法切成薄片,经干燥、涂胶,按奇数层纵横交错黏合、压制而成,故称之为三层板、五层板、七层板、九层板等。胶合板一般作普通基层使用,多用于吊顶、隔墙、造型、家具的结构层。

(2)石膏板

用于顶棚装饰的石膏板,主要有纸面石膏板和装饰石膏板两类。

纸面石膏板:按性能分有普通纸面石膏板、防火纸面石膏板、防潮纸面石膏板三类。它们是以熟石灰为主要原料,掺入普通纤维或无机耐火纤维与适量的添加剂、耐水剂、发泡剂,经过搅拌、烘干处理,并与重磅纸压合而制成。

纸面石膏板具有质轻、强度高、阻燃、防潮、隔声、隔热、抗震、收缩率小、不变形等特点,其加工性能良好,可锯、可刨、可粘贴,施工方便,常作室内装修工程的吊顶、隔墙用材料。

装饰石膏板:采用天然高纯度石膏为主要原料,辅以特殊纤维、胶粘剂、防水剂混合加工而成,表面经过穿孔、压制、贴膜、涂漆等特殊工艺处理。该石膏板高强度且经久耐用,防火、防潮、不变形、抗下陷、吸声、隔音,健康安全;施工安装方便,可锯、可刨、可粘贴。

装饰石膏板品种类型较多,有压制浮雕板、穿孔吸声板、涂层装饰板、聚乙烯复合贴膜板等不同系列,可结合铝合金 T 型龙骨广泛用于公共空间的顶棚装饰。

(3)矿棉装饰吸声板

矿棉装饰吸声板以岩棉或矿渣纤维为主要原料,加入适量黏结剂、防潮剂、防腐剂经成型、加压烘干、表面处理等工艺制成;具有质轻、阻燃、保温、隔热、吸声、表面效果美观等优点;长期使用不变形,施工安装方便。

矿棉装饰吸声板花色品种繁多,可根据不同的结构、形式、功能、环境进行分类。

矿棉装饰吸声板根据其功能分有普通型矿棉板、特殊功能型矿棉板;根据矿棉板边角造型结构分有直角边(平板)、切角边(切角板)、裁口边(跌级板);根据矿棉板吊顶龙骨分有明架矿棉板、暗架矿棉板、复合插贴矿棉板、复合平贴矿棉板,其中复合插贴矿棉板和复合平贴矿棉板需和轻钢龙骨纸面石膏板配合使用。

（4）金属装饰板

金属装饰板是以不锈钢板、铝合金板、薄钢板等为基材,经冲压加工而成,表面作静电粉末、烤漆、滚涂、覆膜、拉丝等工艺处理。金属装饰板自重轻、刚性大、阻燃、防潮、色泽鲜艳、气派、线型刚劲明快,是其他材料所无法比拟的,多用于候车室、候机厅、办公室、商场、展览馆、游泳馆、浴室、厨房、地铁等天棚、墙面装饰。

金属装饰板吊顶以铝合金天花最常见,它们是用高品质铝材经过冲压加工而成,按其形状分为铝合金条形板、铝合金方形板、铝合金格栅天花、铝合金挂片天花、铝合金藻井天花等。

铝合金装饰天花构造简单,安装方便,更换随意,装饰性强,层次分明,美观大方。

（5）埃特装饰板

埃特装饰板是以优质水泥、高纯石英粉、矿物喷、植物纤维及添加剂经高温、高压蒸压处理而制成的一种绿色环保、节能的新型装饰板材。此板具有质轻而强度高,保温隔热性能好,隔音、吸声性能好,使用寿命长、防水、防霉、防蛀、耐老化、阻燃等优点;安装快捷、可锯、可刨、可用螺钉固定等优点;适用于室内外各种场所的隔墙、吊顶、家具、地板等。

（6）硅钙板

硅钙板的原料来源广泛,可采用石英砂磨细粉、硅藻土或粉煤灰;钙质原料为生石灰、消石灰、电石泥和水泥,增强材料为石棉、纸浆等;原料经配料、制浆、成型、压蒸养护、烘干、砂光而制成;具有强度高、隔声、隔热、防水等性能。

（四）天棚装饰的要求

天棚装饰设计因不同功能的要求,其建筑空间构造设计不尽相同。天棚装饰设计在满足基本的使用功能和美学法则的基础上,还应满足以下要求。

1.空间舒适性

天棚在人的视觉中占有很大的视阈性,特别是高大的厅堂和开阔的空间,天棚的视阈比值就更大。因此,设计时应考虑室内净空高度与所需吊顶的实际高度之间的关系,注重造型、色彩、材料的合理选用,并结合正确的构造形式来营造其舒适的空间氛围,对建筑顶部结构层起到保护、美化的作用,弥补土建施工留下的缺陷。

2.安全耐用性

由于天棚是吊在室内空间的顶部,其表面安装有各种灯具、烟感器、喷淋系统等,并且内部隐藏有各种管线、管道等设备,有时还要满足工人检修的要求,因此装饰材料自身的强度、稳定性和耐用性不仅直接影响到天棚装饰效果,还会涉及人身安全,所以天棚的安全、牢固、稳定、防火等十分重要。

3.材料合理性

天棚材料的使用和构造处理是空间限定量度的关键所在之一,应根据不同的设计要求和建筑功能、内部结构等特点,选用相应的材料。天棚材料选择应坚持无毒、无污染、环保、阻燃、耐久等原则。

4.装饰性

要充分把握天棚的整体关系,做到与周围各界面在形式、风格、色彩、灯光、材质等方面协调统一,融为一体,形成特定的风格与效果。

三、墙面设计

墙面是空间围合的垂直组成部分,也是建筑空间内部具体的限定要素,其作用是可以划分出完全不同的空间领域。

内墙装饰不仅要兼顾装饰室内空间、保护墙体、维护室内物理环境,还应保证各种不同的使用条件得以实现。更重要的是它把建筑空间各界面有机地结合在一起,起到渲染、烘托室内气氛,增添文化、艺术气息的作用,从而产生各种不同的空间视觉感受。

(一)室内墙面的特征与类型

室内墙面是人最容易感觉、触摸到的部位,材料在视觉及质感上均比外墙有更强的敏感性,对空间的视觉影响颇大,所以对内墙材料的各项技术标准有更加严格的要求。因此,在材料的选择上应坚持绿色环保、安全、牢固、耐用、阻燃、易清洁的原则,同时应有较高的隔音、吸声、防潮、保暖、隔热等特性。

不同的材料能构成效果各异的墙面造型,形成各种各样的细部构造手法。材料选择正确与否,不仅影响室内的装饰效果,还会影响到人的心理及精神状态。人们甚至把室内墙面装饰材料称为"第二层皮肤"。

图 3-39　室内墙面装饰

室内墙面装饰装修材料种类繁多,规格各异,式样、色彩千变万化。从材料的性质上可分为木质类、石材类、陶瓷类、涂料类、金属类、玻璃类、塑料类、墙纸类等等,可以说基本上所有材料都可用于墙面的装饰装修。从构造技术的角度可归结为五类,即抹灰类、贴挂类、胶粘类、裱糊类、喷涂类。

抹灰类墙面装饰指内墙装饰中抹灰材料主要有水泥砂浆、白灰砂浆、混合砂浆、聚合物水泥砂浆以及特种砂浆等,它们多在土建施工中即可完成,属一般装饰材料及构造。

图 3-40 抹灰墙面

贴挂类墙面装饰是指以人工烧制的陶瓷面砖以及天然石材、人造石材制成的薄板为主材,通过水泥砂浆、胶粘剂或金属连接件经特殊的构造工艺将材料粘、贴、挂于墙体表面的一种装饰方法,其结构牢固、安全稳定、经久耐用。贴挂类墙面装饰因施工环境和构造技术的特殊性,饰面材料尺寸不易过大、过厚、过重,应在确保安全的前提下进行施工。

胶粘类墙面装饰是指将天然木板或各种人造类薄板用胶粘贴在墙面上的一种构造方法。现代室内装修中,饰面板贴墙装饰已不是传统意义上一种简单的护墙处理,传统材料与技术已不能完整体现现代建筑装饰风格、手法和效果。随着新材料的不断涌现,构造技术的不断创新,其适应面更广、可塑性更强、耐久性更好、装饰性更佳、安装简便,弥补了过去单一的用木板装饰墙面的诸多不足。

　　裱糊类墙面装饰是采用粘贴的方法将装饰纤维织物覆盖在室内墙面、柱面、天棚的一种饰面做法,是室内装修工程中常见的装饰手段之一,起着非常重要的装饰作用。此方法改变了过去"一灰、二白、三涂料"单翻、死板的传统装饰做法,装饰纤维织物贴面因其色如花纹和图案的丰富多样,装饰效果更深受人们的喜爱。

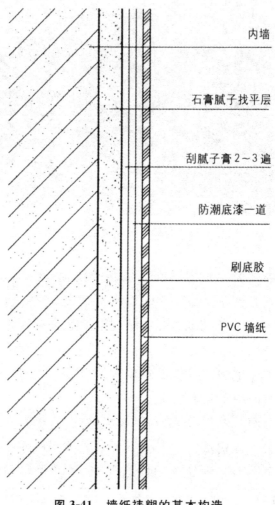

内墙

石膏腻子找平层

刮腻子膏2~3遍

防潮底漆一道

刷底胶

PVC 墙纸

图 3-41　墙纸裱糊的基本构造

　　喷涂类墙面装饰一般是指采用涂料经喷、涂、抹、刷、刮、滚等施工手段对墙体表面进行装饰装修。涂料饰面是建筑装饰装修中最为简单、最为经济的一种构造方式,它和其他墙面构造技术相比,虽然不及墙砖、饰面打材、金属板经久耐用,但由于涂料饰面施工简便、省工省料、工期短、工效高、作业面积大、便于维护更新且造价较低,所以是一种应用十分广泛的饰面材料。

(二)室内墙面装饰功能与要求

内墙的装饰在满足美化空间环境、提供某些使用条件的同时,还应在墙面的保护上多做文章,它们三者之间的关系相辅相成,密不可分。但根据设计要求和具体情况的不同有所区别。

1.保护功能

室内墙面虽不受自然灾害天气的直接侵袭,但在使用过程中会受到人的摩擦,物体的撞击,空气中水分的浸湿等影响,因而要求通过其他装饰材料对墙体表面加以保护,使之延长墙体及整个建筑物的使用寿命。

2.装饰功能

在保护的基础上,还应从美的角度去审视内墙装饰,并且从空间的统一性加以考虑,使天棚、墙面、地面协调一致,建立一种既独立又统一的界面关系,同时创造出各种不同的艺术风格,营造出各种不同的氛围环境。

3.使用功能

室内是与人最接近的空间环境,而内墙又是人们身体接触最频繁的部位,因此,墙面的装饰必须满足基本的使用功能,如易清洁、防潮、防水等。同时还应综合考虑建筑的热学性能、声学性能、光学性能等各种物理性能,并通过装饰材料来调节和改善室内的热环境、声环境、光环境,从而创造出满足人们生理和心理需要的室内空间环境。

四、门窗设计

门窗是建筑围合结构中的两个重要构件,也是房屋及装饰工程的重要组成部分,具有使用和装饰美化双重功能。

门窗是联系室外与室内,房间与房间之间的纽带,是供人们相互交流和观赏室外景物的媒介,不仅有限定与延伸空间的性质,而且对空间的形象和风格有着重要的影响。门窗的形式、尺寸、色彩、线型、质地等在室内装饰中因功能的变化而变化。尤其是通过门窗的处理,会对建筑外饰面和内部装饰产生极大的影响,并从中折射出整体空间效果、风格样式和性格特征。

图 3-42　门窗装饰效果

(一)门窗的功能和作用

门的主要功能是交通联系,供人流、货流通行以及防火疏散之用,同时兼有通风、采光的作用。窗的主要功能是采光、通风。此外门窗还具有调节控制阳光、气流以及保温、隔热、隔音、防盗等作用。

（二）门窗的分类与尺度

1.门的分类

门按不同材料、功能、用途等可分为以下几种。

按材料分有木门、钢门、铝合金门、塑料门、玻璃门等。

按用途分有普通门、百叶门、保温门、隔声门、防火门、防盗门、防辐射门等。

按开启方式分有平开门、推拉门、折叠门、弹簧门、转门、卷帘门、无框玻璃门等。

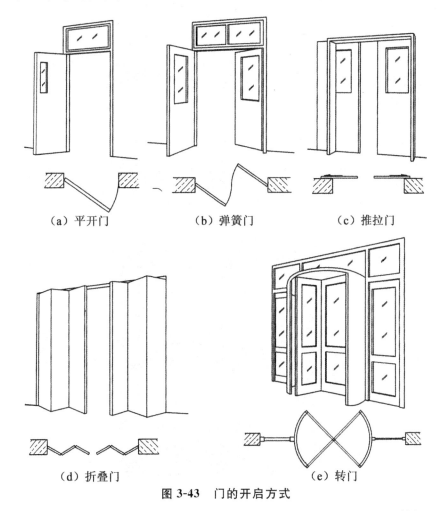

（a）平开门　　　　（b）弹簧门　　　　（c）推拉门

（d）折叠门　　　　　　　（e）转门

图3-43　门的开启方式

2.门的尺度

门的尺度通常是指门洞的高宽尺寸,门的尺度取决于其使用功能与要求行人的通行、设备的搬运、安全、防火以及立面造型等。

普通民用建筑门由于进出人流较小,一般多为单扇门,其高度为 2000～2200mm,宽度为 900～1000mm;居室厨房、卫生间门的宽度可小些,一般为 700～800mm。公共建筑门有单扇门、双扇门以及多扇门之分,单扇门宽度一般为 950～1100mm,双扇门宽度一般为 1200～1800mm,高度为 2100～2300mm。多扇门是指由多个单扇门组合成三扇以上的特殊场所专用门(如大型商场、礼堂、影剧院、博物馆等),其宽度可达 2100～3600mm,高度为 2400～3000mm,门上部可加设亮子,也可不加设亮子,亮子高度一般为 300～600mm。

3.窗的分类

窗按建筑结构、功能、材料、用途等一般可分为以下三类。
按材料分有木窗、铝合金窗、钢窗、塑料窗等。
按用途分有天窗、老虎窗、百叶窗等。

图 3-44　天窗

图 3-45 百叶窗

按开启方式分有固定窗、平开窗、推拉窗、悬窗、折叠窗、立转窗等。

随着建筑技术的发展和新材料的不断出现,窗的设置、类型已不仅仅局限于原有形式与形状,出现了造型别致的外飘窗、转角窗、落地窗等。

4.窗的尺度

窗的尺度一般由采光、通风、结构形式和建筑立面造型等因素决定,同时应符合建筑模数的要求。

普通民用建筑窗,常以双扇平开或双扇推拉的方式出现,其尺寸一般每扇高度为 800~1500mm,宽度为 400~600mm,腰头上的气窗及上下悬窗高度为 300~600mm,中悬窗高度不宜大于 1200mm,宽度不宜大于 1000mm,推拉窗和折叠窗宽度均不宜大于 1500mm。公共建筑的窗可以是单个的,也可用多个平开窗、推拉窗或折叠窗组合而成。组合窗必须加中梃,起支撑加固,增强刚性的作用。

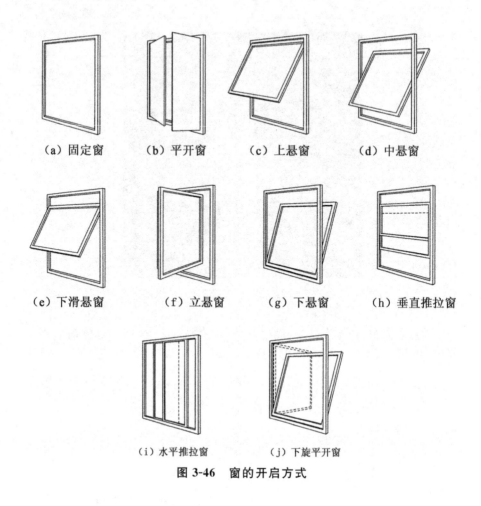

（a）固定窗　　　　（b）平开窗　　　　（c）上悬窗　　　　（d）中悬窗

（e）下滑悬窗　　　（f）立悬窗　　　　（g）下悬窗　　　　（h）垂直推拉窗

（i）水平推拉窗　　　　（j）下旋平开窗

图 3-46　窗的开启方式

五、楼梯设计

（一）楼梯的构成

楼梯一般是由楼梯段、楼梯平台、栏杆（栏板）、扶手等组成，它们用不同的材料，以不同的造型实现了不同的功能。

1.楼梯段

楼梯段又称楼梯跑，是楼梯的主要使用和承重部分，用于连接上下两个平台之间的垂直构件,由若干个踏步组成。一般情况下,楼梯踏步不少于 3 步,不多于 18 步,这是为了行走时保证安全和防止疲劳。

2.楼梯平台

楼梯平台包括楼层平台和中间平台两部分。中间(转弯)平台是连接楼梯段的平面构件,供人连续上下楼时调节体力、缓解疲劳,起休息和转弯的作用,故又称休息平台。楼层平台的标高与相应的楼面一致,除有着与中间平台相同的用途外,还用来分配从楼梯到达各楼层的人流。

3.楼梯栏杆与扶手

楼梯栏杆是设置在梯段和平台边缘的围护构件,也是楼梯结构中必不可少的安全设施,栏杆的材质必须有足够的强度和安全性。扶手是附设于栏杆顶部,作行走时依扶之用。而设于墙体上的扶手称为靠墙扶手,当楼梯宽度较大或需引导人流的行走方向时,可在梯段中间加设中间扶手。楼梯栏杆与扶手的基本要求是安全、可靠、造型美观和实用。因此,栏杆应能承受一定的冲力和拉力。

(二)楼梯的种类

楼梯的类型与形式取决于设置的具体部位,楼梯的用途,通过的人流,楼梯间的形状、大小,楼层高低及造型、材料等因素。

楼梯根据不同的位置、材料、形式可进行以下分类。

按设置的位置分有室外楼梯与室内楼梯,其中室外楼梯又分安全楼梯和消防楼梯,室内楼梯又分主要楼梯和辅助楼梯。

按材料分有钢楼梯、铝楼梯、混凝土楼梯、木楼梯及其他材质的楼梯。

按常见形式分有单梯段直跑楼梯、双梯段直跑楼梯、双跑平行楼梯、三跑楼梯、双分平行楼梯、双合平行楼梯、转角楼梯、交叉楼梯、剪刀楼梯、螺旋楼梯、弧形楼梯等。

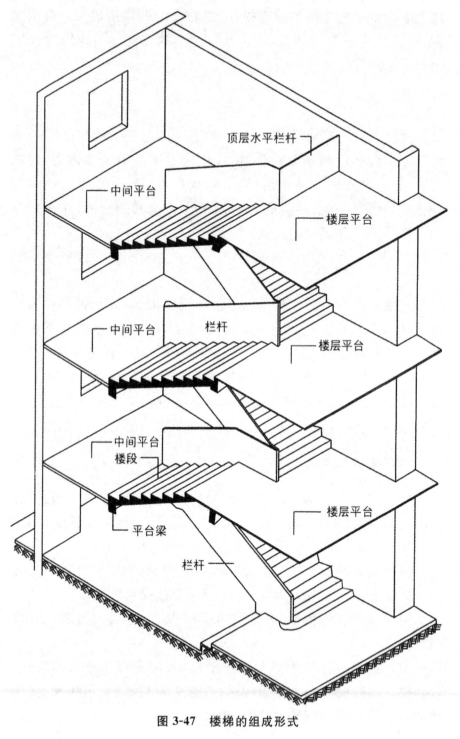

顶层水平栏杆

中间平台

楼层平台

中间平台

栏杆

楼层平台

中间平台

楼段

楼层平台

平台梁

栏杆

图 3-47　楼梯的组成形式

图 3-48　木楼梯

图 3-49　混凝土楼梯

图 3-50　弧形楼梯

图 3-51　螺旋式楼梯

(三)楼梯的设计尺度

楼梯在室内装饰装修中占有非常重要的地位,其设计的好坏将直接影响整体空间效果。所以楼梯的设计除满足基本的使用功能外,应充分考虑艺术形式、装饰手法、空间环境等关系。

1.楼梯设置原则

公共建筑中楼梯分为主楼梯和辅助楼梯两大类。主楼梯应布置在入口较为明显,人流集中的交通枢纽地方,具有醒目、美化环境、合理利用空间等特点。辅助楼梯应设置在不明显但宜寻找的位置,主要起疏散人流的作用。

住宅空间中楼梯的位置往往明显但不宜突出,一般设于室内靠墙处,或公共部位与过道的衔接处,使人能一眼就看见,又不过于张扬。在别墅或高级住宅中,楼梯的设置越来越多样化、个性化,不拘于传统,通常位置显眼以充分展示楼梯的魅力,成为住宅空间中重要的构图因素之一。

2.楼梯的尺度

楼梯的宽度主要满足上下人流和搬运物品及安全疏散的需

要,同时还应符合建筑防火规范的要求。楼梯段宽度是由通过该梯段的人流量确定的,公共建筑中主要交通用楼梯的梯段净宽按每股人流 550～750mm 计算,且不少于两股人流;公共建筑中单人通行的楼梯宽度应不小于900mm,以满足单人携带物品通行时不受影响;楼梯中间平台的净宽不得小于楼梯段的宽度;直跑楼梯平台深度不小于 2 倍踏步宽加一步踏步高。双跑楼梯中间平台深度≥梯段宽度,而一般住宅内部的楼梯宽度可适当缩小,但不宜小于 850mm。

楼梯坡度是由楼层的高度以及踏步高宽比决定的。踏步的高与宽之比需根据行走的舒适、安全和楼梯间的面积、尺度等因素进行综合考虑。楼梯坡度一般在 23°～45°范围内,坡度越小越平缓,行走也越舒适,但扩大了楼梯间的进深,增加了占地面积;反之缩短进深,节约面积,但行走较费力,因此以 30°左右较为适宜。当坡度小于 23°时,常做成坡道,而坡度大于 45°时,则采用爬梯。

楼梯踏步高度和宽度应根据不同的使用地点、环境、位置、人流而定。学校、办公楼踏步高一般在 140～160mm,宽度为 280～340mm;影剧院、医院、商店等人流量火的场所其踏步高度一般为 120～150mm,宽度为 300～350mm;幼儿园踏步较低为 120～150mm,宽为 260～300mm;住宅楼梯的坡度较一般公共楼梯坡度大,踏步的高度一般在 150～180mm,宽度在 250～300mm。

楼梯栏杆(栏板)扶手的高度与楼梯的坡度、使用要求、位置等有关,当楼梯坡度倾斜很大时,扶手的高度可降低,当楼梯坡度平缓时高度可稍大。通常建筑内部楼梯栏杆扶手的高度以踏步表面往上 900mm,幼儿园、小学校等供儿童使用的栏杆可在 600mm 左右高度再增设一道扶手,室外不低于 1100mm,栏杆之间的净距不大于 110mm。

楼梯的净空高度应满足人流通行和家具搬运的方便,一般楼梯段净高宜大于 2200mm;平台梁下净高不小于 2000mm。

第四章　室内软装及历史探源

室内软装在历史发展过程中已经形成了,但在相当长的时期内并没有十分系统和成熟的理论。即便如此,我们仍然是可以探究它的历史根源的。本章内容我们从室内软装的内涵、软装与硬装的比较、分类、设计流程以及对室内软装过去和未来的思考进行论述。

第一节　室内软装内涵及软装与硬装的比较

一、室内软装的内涵

软装饰有狭义和广义之分。

从狭义上讲,以室内纺织品为主的软性材料,如棉、毛、丝、麻制作的床上用品、地毯、窗帘、家具蒙面织物、各种工艺品、观赏品,以及包括麦秆、草茎、细竹、塑料、金属等非纺织纤维制成的建筑装饰品,可称软装饰。

从广义上讲,相对于室内硬装修,即以硬性材料,诸如砂石、水泥、木材、玻璃、石膏、混凝土、金属器物等进行室内装修,所制作成的壁面、门窗、衣柜、床架、隔墙、橱柜等固定物件,除此以外,室内一切可以移动的装饰物,包括织物、植栽、家具,以及通过色彩、光影、线形等构图手法形成的装饰,都可称软装饰。

不论是狭义说还是广义说,软装饰在环境设计中的目的:一方面是要兑现本身的实用功能;另一方面是要通过软装饰"异化环境,柔化环境,美化环境",要同时满足人们在物质生活和精神生活上的需求,并体现人们对人生价值观和审美观的追求。

二、软装与硬装的比较

软装饰与硬装修在总体目标上是一致的,设计师必须运用现代物质技术手段和建筑美学原理,创造功能合理、舒适美观、安全可靠,能满足人们物质和精神生活需要的室内空间环境,但它们之间又有区别。

软装饰与硬装修相比,软装饰具有以下三个方面的特点。

(一)多样性和情趣性

当去参观一个新居,往往最引人注意或欣赏的,也许不是巨大的浴缸、打造精美的橱柜,而是新居中的窗帘、沙发、地毯,甚至是一个画面、一副楹联、一对古瓷或是居室的色彩、光影。为什么?因为要使室内出彩,主要依靠的是软装饰。软装饰所用的材料、色彩、图案具有多样性的特点。软装饰作为室内可移动的软性装饰物,类别多样,从门类上可以分为织物装饰、植栽装饰、光影装饰、色彩装饰、线形装饰、图案装饰等,见图 4-1～图 4-4。这些装饰往往不是单独使用,而是组合使用。比如,要营造一个卧室的室内环境,当然主角是织物装饰,床品、窗帘、靠垫的材料、形态、质地、性能十分重要,但是如果它们的色彩很乱,这个环境肯定十分糟糕。这说明在营造环境时,运用颜色对比来点缀或烘托整体氛围是很能出彩的。卧室中窗帘、床品、地毯的色彩走向往往是环境的一条主线,而小巧精美的靠垫、靠枕,则是亮色的迸发点。当然要把卧室打扮好,光影、植栽都不能少。

硬装修在多样性、情趣性方面有它的先天不足,由于它所受制约比较多,如造价上的原因或是受房型结构的影响,通常很难改变。另外,在材料性能上,硬装修一般显得比较冷漠,就使它缺乏情趣。

图 4-1　织物装饰

图 4-2　植栽装饰

图 4-3　光影装饰

图 4-4　图案装饰

（二）多变性和经济性

软装饰选择性多，耗费较少，可以随意变动，这是软装饰的另一个特点。居室主人可以根据室内空间的大小形状、自己的生活习惯、兴趣爱好和各自的经济情况，从整体上综合策划软装饰设计方案，将纺织品、工艺品、收藏品、灯具、花艺、植物、字画等任意组合，过一段时间感到装饰陈旧、发现已过时了，或突发奇想要尝试另一种搭配，那么就不必花很多钱使室内重新装饰或更换家具，而是采用另类软装饰就能使室内呈现出崭新的面貌，给人以鲜活的感觉。因而有人曾形象地将"软装饰"比喻成能够"软化空间，让人们回归本源的精灵"。在环境设计中，有了新颖的奇思妙想加上懂得一点章法，一定会使"软装饰"出挑。有了凝聚主人心血的"软装饰"，才不至于使装饰出现"千家一面"的尴尬，而经济上开支又很划算。

（三）整体性和协调性

室内装饰中软装饰和硬装修的目的在整体上是一致的，而对于具体一个空间来说，硬装修究竟要搞多少？软装饰搞多少？应该从整体风格出发，不能定得过死，两者必须加以协调。如果硬装修过多,往往会使后期软装饰的东西进不去,室内环境被限死。软装饰重要的是设计好调子,室内整体色调与风格一般已经在做硬装修时大体上确定了下来,软装饰可以做局部调整、点缀,但不能破坏整体效果,这是软装饰设计的一个基本原则。居室设计的完整性是不能单纯依靠硬装修来体现的,应当在设计之初就要做全盘把握,控制硬装修的投入,避免不必要的浪费。在室内设计中硬装修要少投入,软装修饰要多考虑,这是一个基本原则。

对于室内装饰来说,软装饰是硬装修的延续,"软装饰"和"硬装修"既相互联系又相互制约。在现代的装饰设计中,砂石、水泥、木材、石膏、瓷砖、玻璃等建筑材料和棉毛丝麻等纺织品不但相互交叉、彼此渗透,有时还可以相互替代。比如,一个大房间要相隔,既可以用木板分隔,这是"硬装";也可以用布艺或植栽相隔,这就是"软装"。再如对于房顶的装饰,人们过去往往拘泥于采用木制、石膏这些硬装修材料。实际上,用丝织品在室内的上部空间做一个拉膜,拉出一个优美的弧面,不仅会起到异化空间的效果,还会有神秘感渗出,成为整个房间的亮点,见图4-5。

图4-5 房顶上丝绸拉膜别具一格

第二节 室内软装设计的分类和流程

一、室内软装的分类

按照不同的标准,室内软装饰可以分为不同的类别。了解室内软装饰的类别,有助于我们加深对室内软装饰的认识,以及对室内软装饰各种元素的利用。从整体上看,室内软装饰主要有以下几种分类。

(一)按功能划分

根据室内空间功能的不同,可以把室内软装饰分为以下几类。

1.以视觉效果为主的室内软装饰

以视觉效果为主的室内软装饰(图 4-6)大多使用于样板房、售楼处、家居风尚专门店等,这种室内软装饰的主要用途是参观、展示,因此,追求视觉效果上的美感,以便促进销售。

图 4-6　以视觉效果为主的室内软装饰

2.以生活为主的室内软装饰

以生活为主的室内软装饰(图 4-7)主要用于室内生活空间中,这种室内软装饰要求实用、美观同时又能凸显主人个性,需要抛弃为装饰效果而存在、没有实用价值而主人也不感兴趣的装饰物,选择那些必要的、实用的、能体现主人个性的装饰物。

图 4-7　以生活为主的室内软装饰

3.以商业为主的室内软装饰

以商业为主的室内软装饰(图 4-8)专用于宾馆、饭店、KTV、

图 4-8　以商业为主的室内软装饰

办公室、会议室等,这种室内软装饰需要根据商业用途来进行布置,同时在装饰物的选择上要求维护保养简单、清洁简单、安装调试简单、安全、不易损坏。

(二)按材料划分

室内软装饰所使用的物品有很多,按照材料的不同可以划分为不同的类别,如石制品、玉制品、骨制品、塑料制品、布艺、花艺等,另外,还有一些新型材料,如玻璃钢、合成金属制品等。由于每个大类之下可以分出数个小类,有的数种材料可以综合成为一种新的装饰品,因此类别众多。在本书后面章节中,会针对室内软装饰设计中涉及的元素和风格进行具体分析,并会涉及相关的材料,故此处不再赘述。

(三)按摆放方式划分

室内软装饰所使用的物品按照摆放方式,可以分为摆件和挂件。摆件就是摆放在公共区域、桌、柜或者橱里等供人欣赏的东西。挂件就是挂在墙壁等地方起装饰作用的东西。

(四)按风格划分

室内软装饰按照风格的不同,可以分为中国传统风格、田园风格、地中海风格、欧式风格、东南亚风格、日式风格、新古典风格、现代前卫风格等。

二、室内软装的流程

(一)任务的承接

1.任务的来源

室内软装饰项目的任务来源主要有以下三种途径。

（1）设计公司自身项目的延伸

随着软装饰设计的发展,许多企业看到软装饰市场广阔的发展空间以及内藏的潜力,在公司中开始组建专门的部门设计艺术品或装饰,这样既可以使公司的设计思想有更加深远的体现,又可以为公司带来可观的经济收益。

（2）业主的招标项目

业主的招标项目是软装饰项目的主要来源。一些大型工程项目可具体分为建筑施工、室内设计、软装饰设计等小的类别,业主通常实行分类分段招标来完成。这样的任务一般情况下要求的时间比较紧张,同时要求比较高。因此,对软装饰设计师也提出了更高的要求,不仅要在短时间里表现出专业水准,更要对项目有一个准确理解。

（3）业主委托设计项目

由于市场的发展仍不完善,专业软装饰公司的发展也极其缓慢,可供选择的较少,因此,有一些要求较高的设计项目就会委托一些实力强、口碑好的公司或个人进行设计。

2.设计服务合同的签订

业主和设计公司或个人通过接触沟通后,达成合作意向,进而签订相关的设计服务合同。合同是对工作实施和工作进度的保障,对双方的责任、权利、利益有着明确的规定。一般情况下,合同内容按照各自企业的法律文件书写清楚就可以。

（二）设计方案的提交

在签订设计服务合同后,根据合同上的约定,软装饰设计师应该按时向业主提供设计方案。设计师要综合考虑业主的设计要求、设计地点的特性、设计风格、设计方案的提交方式等几方面因素,提出一套切实可行的设计方案。

1.业主的设计要求

设计师在签订设计服务合同后,最好明确业主的设计要求,可以要求业主提供书面的文件,业主的要求越详细,设计方案的目的性也就越有针对性,越对工作开展有帮助。当业主的要求与设计师的设计理念不统一的时候,双方应该进行沟通解决,设计师应该表明自己的设计想法,尽量去赢得业主的认可。如果设计师只一味地顺从业主,听从业主的安排,反而会使业主对其设计能力产生怀疑。出现问题和分歧时,双方可以通过书面的函告形式、会议纪要形式或者口头交流的形式及时进行沟通。

2.设计地点的特性

设计师在详细地了解了业主的设计要求后,就需要对设计地点的性质进行考察研究,进而对空间的用途以及所要传达的理念有一个明确的认识。每个地点都有着不同的特点,即使是同一地点,在家具改变、围合改变的情况下也会产生不同的性质。

例如,同样一个地点,如果布置了沙发与茶几,就会营造出会客、交谈的空间性质;如果选择餐桌与餐椅就会营造出餐厅的空间性质。书画、植物、工艺品等软装饰物在这个空间里也会有不同的造型与摆放要求。在设计过程中,一定要遵循以人为本的原则,整个空间的设计要体现出人文的气息,营造出一种温馨、舒适的感觉。

在进行设计之前,软装设计师们应上门观察房子,了解硬装基础,对空间的尺度进行准确的测量,并给房屋的各个角落拍照,收集硬装节点,进而绘出室内基本的平面图和立面图,具体流程如下。

(1)了解空间尺度、硬装基础。

(2)测量尺寸,出平面图、立面图。

(3)拍照。

测量是硬装后测量,在构思配饰产品时对空间尺寸要把握准确。

3.设计风格

室内软装饰设计的风格因时代、地域的不同而各具特色。软装饰设计师应该对各种风格及其特点与形成过程有一个详细的了解,只有这样,设计师在设计的过程中才能结合设计方案以及设计理念的规定进行合理的设计。软装饰设计师在做软装饰设计时,必须参考原有的室内设计风格,综合考虑室内设计的设计图、施工图及设计说明,并到现场进行深入的考察,在此基础上进行软装饰设计。

软装饰设计师需要与业主进行沟通,通过分析业主的生活动向、生活习惯、兴趣爱好、宗教禁忌等各个方面了解业主的生活方式,捕捉业主更深层次的需求点,仔细观察硬装的色彩关系及色调,控制软装设计方案的整体色彩。同时,在室内风格的定位上要以业主的需求为主,结合原有的硬装风格,设计出和谐统一的软装色彩、格调,进而设计出符合业主的生活要求以及审美追求的软装设计方案。从下面几个方面与业主进行沟通,详细了解并记录业主的审美追求以及深层次的追求点。

(1)空间流线(生活动线)——人体工程学,尺度。

(2)生活习惯。

(3)文化喜好。

(4)宗教禁忌。

4.提交设计方案

设计方案的提交方式主要有概念图片、概念草图、设计平面图、电脑效果图、动画效果等。概念图片主要是在原有平面图和立体图上选择一定的参考图片进行绘制;概念草图主要是根据实际的空间场景进行绘制;设计平面图主要表现为家具选型;电脑效果图一般情况下不需要,但有些业主会要求提交效果图;动画效果一般应用于投标项目中,否则耗时耗力。

(三)设计方案的深化

设计方案的深化主要包括图样的深化与所选物品的深化两方面的内容。图样的深化主要指的是对每个空间的具体装饰物与最终效果都要有明确的要求。重点对每个空间绘制立面图,并和方案进行对比,通过业主确认后成为最终实施方案。设计方案确定后,再根据草图内容整理成图样,图样内容只包括平面图、立面图,要求图样中将所需要的软装饰物品清楚地标示出来,便于采购与加工。

除了图样的深化,还包括物品的深化。物品的深化主要是指对原先预定采购物品的详细计划与修订。在设计方案的过程中,为了采购物品的方便,设计师最好制定一个图标,并按照区域、名称、规格、单位、数量、参考单价、合计价格、产品描述、参考样式等方面分类填写,标明所需物品。在此之前,虽然设计师已经确定了选择的物品,但是在挑选购买过程中往往会因发现一些更合适的物品或出于其他的原因改变原有计划,而图表的设置可以防止遗漏,同时还能清楚地记录所采购的物品。

(四)软装饰物品的加工制作、选购

在软装饰工作中,由于空间设计的需要,有些空间需要单独加工制作一些装饰物来完成要表现的艺术形式。通常软装饰公司或装饰公司有一些专门从事制作的专业人员,或者公司请艺术院校教师等相关的专业人员来进行这类物品的加工与制作,如图4-9 所示。

图 4-9 艺术品加工

在原有软装饰品采购汇总表的基础上也可以进行物品采购。由于家具的风格对整个空间的风格有着重要影响，因此一般会优先选购大型家具；而织物的色彩面积大，对空间的整个色调起到支配与决定作用，因此窗帘、床品等织物也要慎重选择。另外，植物、灯具与工艺品等这类物品可以使室内色彩斑斓、造型独特，也要进行合理地选择，根据室内设计饰物所占比例，注意产品的比重关系应该控制在家具 60%，布艺 20%，其他均分 20%。

物品的购置方式主要有三种类型：一类是设计师列出要购买的商品名称与型号，由业主采购部门进行购买，这一类型一般在软装饰份额较少的情况下会采用；一类是由业主人员负责价格谈判与款项支付，设计师与业主工作人员共同采购，这一类在中小型项目中较为常见；还有一类是业主将款项划拨到设计师所在公司，由设计公司代买或定制，这一类多在酒店、会所等大型装饰项目中采用。

与业主签订采购合同之前，设计师应该先与配饰产品厂商核定所需产品的价格及存货，再和业主商讨确定配饰产品，按照配饰方案中的列表逐一确认，定制家具类型产品时，先带业主进行样品确定，之后再进行定制。

软装公司会与业主签订采购合同，尤其是家具定制部分，要明确家具定制的价格和时间，并且要确定厂家制作、发货的时间以及到货时间，以便不会影响进行室内软装设计时间。应该注意以下几点。

（1）与业主签订合同，尤其是定制家具部分，要在厂家确保发货的时间基础上再加 15 天。

（2）家具生产完成后要进行初步验收。

（3）设计师要在家具未上漆之前亲自到工厂验货，对材质、工艺进行把关。

在家具送到现场之前，设计师要再次对现场空间进行复尺，对已经确定的家具和布艺等尺寸在现场进行核定。产品到场时，软装设计师要亲自参与摆放,结合元素之间的关系对软装整体配饰里所有元素的组合进行摆放以及根据业主的生活习惯,来具体摆放家具、布艺、画品、饰品等软装饰。

(五)设计方案的实施

设计方案的实施主要指的是在现场的实际操作,具体包含施工资料准备、施工人员准备、安装与摆放、应急准备等几个方面。施工资料准备主要是在方案实施之前,准备好购置材料的清单与检验单,并认真检查采购与加工的饰品,避免出现遗漏或破损的现象;施工人员准备指的是对具体的施工工人与现场技术人员进行合理的安排与调度,要做到分工明确;安装与摆放指的是施工人员在现场技术人员的指导下对装饰物进行摆放或安装。另外,为了防止有些定制品由于种种原因没有办法如期到货,因此必须启动应急预案,需要有备选货品先满足开业或交付使用,待货到后再进行更换,且一定要事先告知业主。

(六)设计方案的调整与完成

由于每个人的审美观点各不相同,业主在方案实施后有可能会提出相关的修改要求。当然,设计师应尽量避免这种情况发生。因此,设计师事先应该与业主进行沟通。虽然设计的方案经过了业主的同意,但在实施过程中也要及时和业主进行交流,如果业主提出了修改意见,需要设计师灵活对待,直至软装饰项目实施完成。在与业主进行完方案讲解后,设计师要深入分析业主对方案的理解,让业主了解软装设计方案的设计意图。同时,软装设计师也要针对业主反馈的意见在色彩、风格、配饰元素与价格等方面对方案进行调整。

第三节　室内软装的过去和未来

一、室内软装的发展历史

西方室内设计涉及范围广泛，内容丰富多彩。古埃及、古希腊、古罗马、欧洲中世纪、欧洲文艺复兴时期、巴洛克与洛可可时期、19 世纪时期都产生了不少精美的作品，其影响力至今很大。20 世纪初期，现代主义运动兴起，室内设计也受到现代主义思潮的影响，得到蓬勃发展，并从单纯装饰的束缚中解脱出来。20 世纪晚期，室内设计的发展呈现出多元化的趋势，晚期现代主义、后现代主义、高技派、解构主义等思潮不断涌现，展现出生气勃勃的景象。

（一）古埃及的室内设计

古埃及在公元前三千年左右开始建立国家。古埃及人制定出了世界上最早的太阳历，发展了几何学、测量学，并开始运用正投影方式来绘制建筑物的平面、立面及剖面。古埃及人建造了举世闻名的金字塔、法老宫殿及神灵庙宇等建筑物，这些艺术精品虽经自然侵蚀和岁月洗礼，但仍然可以通过存世的文字资料和出土的遗迹依稀辨认出当时的规模和室内装饰的基本情况。

在吉萨的哈夫拉金字塔祭庙内有许多殿堂，供举行葬礼和祭祀之用。"设计师成功地运用了建筑艺术的形式心理。庙宇的门厅离金字塔脚下的祭祀堂很远，其间有几百米距离。人们首先穿过曲折的门厅，然后进入一条数百米长的狭直幽暗的甬道，给人以深奥莫测和压抑之感。""甬道尽头是几间纵横互相垂直、塞满方形柱梁的大厅。巨大的石柱和石梁用暗红色的花岗岩凿成，沉重、奇异并具有原始伟力。方柱大厅后面连接着几个露天的小院子。从大厅走进院子,眼前光明一片,正前面出现了端坐的法老雕像和摩天掠云的金字塔,使人精神受到强烈的震撼和感染。"[①]

埃及的神庙既是供奉神灵的地方,也是供人们活动的空间,其中最令人震撼的当推卡纳克阿蒙神庙(大约始建于公元前1530年)的多柱厅,厅内分16行密集排列着134根巨大的石柱,柱子表面刻有象形文字、彩色浮雕和带状图案。柱子用鼓形石砌成,柱头为绽放的花形或纸草花蕾。柱顶上面架设9.21m长的大石横梁,重达65t。大厅中央部分比两侧高起,造成高低不同的两层天顶,利用高侧窗采光,透进的光线散落在柱子和地面上,各种雕刻彩绘在光影中若隐若现,与蓝色天花底板上的金色星辰和鹰隼图案构成一种梦幻般神秘的空间气氛。阵列密集的柱厅内粗大的柱身与柱间净空狭窄造成视线上的遮挡,使人觉得空间无穷无尽、变幻莫测,与后面光明宽敞的大殿形成强烈的反差。这种收放、张弛、过渡与转换视觉手法的运用,证明了古埃及建筑师对宗教的理解和对心理学巧妙应用的能力。

图 4-10　古埃及卡纳克阿蒙神庙

(二)古希腊的室内设计

古希腊被称为欧洲文化的摇篮,对欧洲和世界文化的发展产

---

① 陈易.室内设计原理[M].北京:中国建筑工业出版社,2006

生了深远的影响,其中给人留下最深刻印象的莫过于希腊的神庙建筑。

希腊神庙象征着神的家,神庙的功能单一,仅有仪典和象征作用。它的构造关系也较简单,神堂一般只有一间或两间。为了保护庙堂的墙面不受雨淋,在外增加了一圈雨棚,其建筑样式变为周围柱廊的形式,所有的正立面和背立面均采用六柱式或八柱式,而两侧更多的却是一排柱式。希腊神庙常采用三种柱式:多立克柱式(Doric Order)、爱奥尼柱式(Ionic Order)、科林斯柱式(Corinthian Order)。

始建于公元前447年的雅典卫城帕提农神庙是古希腊最著名的建筑之一。人们通过外围回廊,步过二级台阶的前门廊,进入神堂后又被正厅内正面和两侧立着的连排石柱围绕,柱子分上下两层,尺度由此大大缩小,把正中的雅典娜雕像衬托得格外高大。神庙主体分成两个不同大小的内部空间,以黄金比例1:1.618进行设计,它的正立面也正好适应长方形的黄金比,这不能不说是设计师遵循和谐美的刻意之作。

图4-11　古希腊帕提农神庙

(三)古罗马的室内设计

公元前2世纪,古罗马人入侵希腊,希腊文化逐渐融入罗马文化。罗马文化在设计方面最突出的特征是借用古希腊美学中舒展、精致、富有装饰的概念,选择性地运用到罗马的建筑工程中,强调高度的组织性与技术性,进而完成了大规模的工程建设,如道路、桥梁、输水道等,以及创造了巨大的室内空间。这些工程的完成首先归功于罗马人对券、拱和穹顶的运用与发展。

古罗马的代表性建筑很多,神庙就是其中常见的类型。在罗马的共和时期至帝国时期先后建造了若干座神庙,其中最著名的当属万神庙,其内部空间组织得十分得体。入口门廊由前面八根科林斯柱子组成,空间显得具有深度。入口两侧两个很深的壁龛,里面两尊神像起到了进入大殿前序幕的作用。圆形正殿的墙体厚达 4.3m,墙面上一圈还发了八个大券,支撑着整个穹顶。圆形大厅的直径和从地面到穹顶的高度都是 43.5m,这种等比的空间形体使人产生一种浑圆、坚实的体量感和统一的谐调感。穹顶的设计与施工也很考究,穹顶分五层逐层缩小的凹形格子,除具有装饰和丰富表面变化的视觉效果之外,还起到减轻重量和加固的作用。阳光通过穹顶中央圆形空洞照射进来,产生一种崇高的气氛。

图 4-12　古罗马万神庙的穹顶

(四)中世纪教堂的兴起与发展

公元 313 年,罗马帝国君士坦丁大帝颁布了"米兰赦令",彻底改变了历代皇帝对基督教的封杀令,公元 342 年基督教被奥多西一世皇帝奉为正统国教。全国各地普遍建立教会,教徒也大量增加,这时最为缺少的就是容纳众多教徒作祈祷的教堂大厅。过去的神庙样式也不太适应新的要求,人们发现曾作为法庭的巴西利卡会议厅比较符合要求,早期的教堂便在此基础上发展起来。其中,罗马的圣保罗大教堂、圣·萨宾教堂和圣·玛利亚教堂等就是巴西利卡式的教堂中保存最好的。

图4-13　罗马圣保罗大教堂

经过中世纪早期近400年的"黑暗时代",公元800年查理曼在罗马加冕称帝。查理曼是一位雄心勃勃、思想开明的帝君,在他的统治期间、文学、绘画、雕刻及建筑艺术都有很大发展,史学上把这种艺术启蒙运动新风格的出现称为"加洛林式"(Canolingian),表现在建筑艺术方面即"罗马风"。罗马风设计最易识别的元素是半圆形券和拱顶,现在的西欧各地都能看到那个时期在罗马风影响下建造的数以千计的大小教堂,甚至在斯堪的纳维亚半岛上的北欧地区也有许多用木结构修建的罗马风格的小教堂,罗马风的威力不容小觑。

(五)中世纪的世俗建筑

中世纪中期的世俗建筑主要是城堡和住宅。封建领主为了维护自己领地的安全、防御敌人的侵袭,往往选择险要地形,修建高大的石头城墙,并紧挨墙体修筑可供防守和居住的各种功能的塔楼、库房和房间。室内空间的分布随使用功能临时多变,为了抵风御寒,窗户开洞较小,大厅中央多设有烧火用的炉床(后来才演变为壁炉),墙内和屋顶有烟道,室内墙面多为裸石。往往依靠少量的挂件,如城徽、兽头骨、兵器和壁毯等作为装饰。室内家具陈设也都简单朴素,供照明用的火炬、蜡烛都放置在金属台或墙壁的托架上,不仅实用,同时也是室内空间的陈设物品。

(六)哥特式风格

公元 12 世纪左右,随着社会历史的发展与城市文化的兴起,王权进一步扩大,封建领主势力缩小,教会也转向国王和市民一边,市民文化在某种意义上来说改变了基督教。在西欧一些地区人们从信仰耶稣改为崇拜圣母,人们渴求尊严,向往天堂。为了顺应形势变化,也为了笼络民心,国王和教会鼓励人们在城市大量兴建能供更多人参加活动的修道院和教堂。由于开始修建这些教堂的地区的大多数市民来自 700 多年前倾覆罗马帝国统治的哥特人,后来文艺复兴的艺术家便称这段时期的建筑形式为"哥特式建筑风格"。

1.哥特式风格的特征

哥特式风格的特征主要表现在以下两个方面。

(1)在艺术形式方面。高大深远的空间效果是人们对圣母慈祥的崇敬和对天堂欢乐的向往;对称稳定的平面空间有利于信徒们对祭台的注目和祈祷时心态的平和;轻盈细长的十字尖拱和玲珑剔透的柱面造型使庞大笨重的建筑材料失去了重量,具有腾升冲天的意向;大型的彩色玻璃图案,把教堂内部渲染得五色缤纷,光彩夺目,给人以进入天堂般的遐想。

(2)在结构技术方面。中世纪前期教堂所采用的拱券和穹顶过于笨重,费材料、开窗小、室内光线严重不足,而哥特式教堂从修建时起便探索摒除已往建筑构造缺点的可能性。他们首先使用肋架券作为拱顶的承重构件,将十字筒形拱分解为"券"和"蹼"两部分。券架在立柱顶上起承重作用,"蹼"又架在券上,重量由券传到柱再传到基础,这种框架式结构使"蹼"的厚度减到20～30cm,大大节约了材料,减轻了重量,同时增加了适合各种平面形状的肋架变化的可能性。其次是使用了尖券。尖券为两个圆心划出的尖矢形,可以任意调整走券的角度,适应不同跨度的高点统一化。另外尖券还可减小侧推力,使中厅与侧厅的高差拉开距离,从而获得了高侧窗变长、引进更多光线的可能性。最后,使用了飞券。飞券立于大厅外侧,凌空越过侧廊上方,通过飞券大厅拱顶的侧推力便直接经柱子转移到墙脚的基础上,墙体因压力减少便可自由开窗,促成了室内墙面虚实变化的多样性。

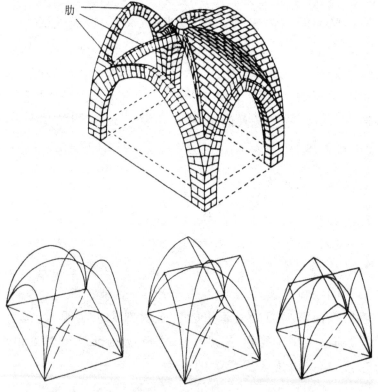

图 4-14 哥特式建筑的技术结构说明图例

2.典型的哥特式建筑

最具代表性的哥特式建筑大多在法国,大致可分为三个阶段。

第一阶段:早期和盛期哥特式。1135—1144 年巴黎的圣丹尼斯修道院和 1163 年始建的巴黎圣母院均是早期过渡到盛期的哥特式建筑代表,它们体现了应用尖券和肋骨发展演变的过程。法国盛期的哥特式建筑代表是亚眠圣母大教堂(约 1220—1288),中厅宽约 15m,高约 43m,内部充满了起伏交错的尖形肋骨和束柱状的柱墩,空间感觉高耸挺拔。

图 4-15　法国亚眠圣母大教堂

第二阶段:辐射式时期。这一时期(1230—1325)彩色玻璃窗花格的辐射线已成为一种重要元素,许多主教堂的巨大玫瑰窗就是典型的辐射式,巴黎圣夏佩尔小教堂(约 1242—1248)的墙体缩小成纤细的支柱,支柱之间全是镶满彩色玻璃的长条形窗,创造了一个彩色斑斓的室内空间。

第三阶段:火焰式时期。火焰式风格是指教堂唱诗班后面窗花格的形式呈火焰状,其已成为法国哥特式晚期设计细部装饰复杂、精致、甚至烦琐的一个代名词。

除法国之外,欧洲其他地区的哥特式教堂也大量涌现。建于 1328—1348 年德文郡的埃克塞特大教堂则是英国装饰式风格的实例,它的中厅为扇形肋组成的穹顶所控制,以簇叶式雕刻线为基础的装饰是这一时期的主要特征。

此外,德国的科隆大教堂(始建于 1270 年)、奥地利的圣斯芬教堂、比利时的图尔奈教堂、荷兰的圣巴沃大教堂以及西班牙的莱昂大教堂(始建于 1252 年)、巴塞罗那大教堂(始建于 1298 年)等都先后不同程度地受到法国哥特式建筑的影响。

(七)文艺复兴时期的室内设计

1.意大利

(1)佛罗伦萨大教堂

佛罗伦萨大教堂是 13 世纪末,行会把它作为共和政体的纪念碑式的建筑来修建的。15 世纪初,意大利文艺复兴早期颇负盛名的建筑师与工程师伯鲁乃列斯基通过对古罗马建筑,特别是对万神庙的圆顶结构做了深入研究后,提出一个无须支撑也不必建造木膺架的大穹顶的设计方案。大厅内部的空间净高接近百米,人们举头仰望透着天光的矢顶,无不赞叹这座结构上大胆创新、形式上巧妙结合的里程碑式建筑。

图 4-16　佛罗伦萨大教堂

(2)罗马圣彼得大教堂

罗马圣彼得大教堂是在旧的巴西利卡式的彼得教堂旧地上

重新设计建造的新的圣彼得大教堂。该工程 1506 年动工至 1514
年伯拉孟特去世。此后的三十多年里,随着进步势力与保守势力
的反复较量,设计方案也几经变动,直到 1547 年,教皇保罗三世
才委任 72 岁高龄的米开朗琪罗主持圣彼得大教堂的工程设计。
米开朗琪罗十分具有创造性,他加强了中央支撑穹顶的四座柱
墩,简化了四角的布置,使整个大厅内部空间更为流畅。同时他
还提高了穹顶的鼓座,使穹顶向上拔高增大内部空间。他的这种
设计正是人文主义者对教堂的要求。

图 4-17　罗马圣彼得大教堂

2. 法国

法国"枫丹白露学派"艺术家在 16 世纪设计的法兰西斯一世
长廊等宫廷建筑,吸取了意大利的艺术装饰风格,创造了灰泥高
浮雕和绘画相结合的新的建筑装饰造型手法。长廊的空间整齐
规正,起伏变化较大的顶棚结构和壁画上的门窗、线脚装饰以及
绘画、雕刻的设计,使人目不暇接,效果十分强烈。

3. 英国

英国的罕普敦府邸也是这一时期的典型建筑。罕普敦府邸
是一座"都铎风格"明显的具有欢快气息的庄园,外观形体起伏多

变,红砖白缝的外墙显示着尼德兰的影响。内部装饰以深色木材作浅浮雕花饰的围护墙裙;天花用浅色抹灰制作直线和曲线结合的格子,中间下垂钟乳状的装饰以求造型变化。一些重要大厅采用由两侧逐级挑出的木制锤式屋构架,构架上精雕细镂的下垂装饰物具有典型的英格兰地方风味。

4. 俄国

相比其他国家来说,俄国没有过多受意大利文艺复兴设计样式的影响。他们在 16 世纪推翻蒙古人的统治,正经历一个民族复兴的时期,民族意识十分强烈。伊凡雷帝为纪念战胜蒙古人在 1555—1560 年修建了著名的华西里·柏拉仁内教堂。教堂着重外部造型,内部空间却十分狭小,算是室内空间设计的一个败笔。但是它具有别具一格的俄罗斯民间建筑形式,九个高低不一、色彩多样、形态各异的葱头顶,就像一团熊熊燃烧着的烈火,充满了活力,爆发出欢乐,成了俄罗斯的标志。

(八)巴洛克风格

"巴洛克"一词源于葡萄牙语(Barocco),意思是畸形的珍珠,这个名词最初出现略带贬义色彩。巴洛克建筑的表情非常复杂,历来对它的评价褒贬不一,尽管如此,它仍造就了欧洲建筑和艺术的又一个高峰。

意大利罗马的耶稣会教堂被认为是巴洛克设计的第一件作品,其正面的壁柱成对排列,在中厅外墙与侧廊外墙之间有一对大卷涡,中央入口处有双重山花,这些都被认为是巴洛克风格的典型手法。另一位雕塑家兼建筑师贝尼尼设计的圣彼得大教堂穹顶下的巨形华盖,由四根旋转扭曲的青铜柱子支撑,具有强烈的动感,整个华盖缀满藤蔓、天使和人物,充满活力。

意大利的威尼斯、都灵以及奥地利、瑞士和德国等地都有巴洛克式样的室内设计。例如,威尼斯公爵府会议厅里的墙面上布满令人惊奇的富丽堂皇的绘画和镀金石膏工艺,给参观者留下了强烈的印象。都灵的圣洛伦佐教堂,室内平立面造型比圣伊沃教堂的六角星平立面更为复杂,直线加曲线,大方块加小方块,希腊十字形、八边形、圆形或不知名的形状均可看到。室内大厅里装饰着复杂的大小圆柱、方柱支撑着饰满图案的半圆拱和半球壁龛,龛内上下左右布满大大小小的神像、天使雕刻和壁画,拱形外的大型石膏花饰更是巴洛克风格的典型纹样。

图 4-18 罗马耶稣会教堂内景

16 世纪末,路易十四登基后,法国的国王更成为至高无上的统治者,法国文化艺术界普遍成为为王室歌功颂德的工具。王室也以盛期古罗马自比,提倡学习古罗马时期艺术,建筑界兴起了一股崇尚古典柱式的建筑文化思潮。他们推崇意大利文艺复兴时期帕拉第奥规范化的柱式建筑,进一步把柱式教条化,在新的历史条件下发展为古典主义的宫廷文化。

法国的凡尔赛宫和卢佛尔宫便是古典主义时期的代表之作,两宫内部的豪华与奢侈令人叹为观止。绘满壁画和刻花的大理石墙面与拼花的地面、镀金的石膏装饰工艺、图案的顶棚、大厅内醒目的科林斯柱廊和罗马式的拱券,都体现了古典主义的规则。除了皇宫,这个时期的教堂建筑有格拉斯教堂和最壮观的巴黎式穹顶教堂恩瓦立德大教堂,它的室内设计特点是穹顶上有一个内壳,顶端开口,可以通过反射光看见外壳上的顶棚画,而看不见上面的窗户,创造出空间与光的戏剧性效果。这种创新做法体现了法国古典主义并不顽固,有人把它称作真正的巴洛克手法。

图 4-19　法国凡尔赛宫内景

(九)洛可可风格

同"巴洛克"一样,"洛可可"(Rococo)一词最初也含有贬义。该词来源于法文,意指布置在宫廷花园中的人工假山或贝壳作品。

法国洛可可艺术设计的新时期在艺术史上称为"摄政时期",奥尔良公爵的巴莱卢雅尔室内装饰就是一例,在那里看不见沉重的柱式,取而代之的是轻盈柔美的墙壁曲线框沿,门窗上过去刚劲的拱券轮廓被透迤草茎和婉转的涡卷花饰所柔化。

由法国设计师博弗兰设计的巴黎苏俾士府邸椭圆形客厅是洛可可艺术最重要的作品。客厅共有 8 个拱形门洞,其中 4 个为落地窗,3 个嵌着大镜子,只有 1 个是真正的门。室内没有柱的痕迹,墙面完全由曲线花草组成的框沿图案所装饰,接近天花的银板绘满了普赛克故事的壁画。画面上沿横向连接成波浪形,紧接着金色的涡卷雕饰和儿童嬉戏场面的高浮雕。室内空间没有明显的顶立面界线,曲线与曲面构成一个和谐柔美的整体,充满着节奏与韵律。三面大镜加强了空间的进深感,给人以安逸、迷醉的幻境效果。

图 4-20　巴黎苏偉士府邸

英国从安妮女王时期到乔治王朝时期,建筑艺术早期受意大利文艺复兴晚期大师帕拉第奥的影响,讲究规矩而有条理,综合了古希腊、古罗马、意大利文艺复兴时期以及洛可可的多种设计要素,演变到后期形成了个性不明朗的古典罗马复兴文化潮流,其代表作有伦敦郊外的柏林顿府邸和西翁府邸。他们的室内装饰从柱式到石膏花纹均有庞培式的韵味。乔治时期的家具陈设很有成就,各种样式和类型的红木、柚木、胡桃木橱柜、桌椅以及带柱的床,制作精良;装油画和镜片的框子,采线和雕花也都十分考究;窗户也都采用帐幔遮光;来自中国的墙纸表达着自然风景的主题。室内的大件还有拨弦古钢琴和箱式风琴,其上都有精美的雕刻,往往成为室内的主要视觉元素。

中世纪后期的西班牙,宗教裁判所令人胆寒,建筑装饰艺术风格也异常的严谨和庄重。直到 18 世纪受其他地区巴洛克与洛可可风格的影响,才出现了西班牙文艺复兴以后的"库里格拉斯科"风格,这种风格追求色彩艳丽、雕饰烦琐、令人眼花缭乱的极端装饰效果。格拉纳达的拉卡图亚教堂圣器收藏室就是其典型代表,它的室内无论柱子或墙面,无论拱券和檐部均淹没于金碧辉煌的石膏花饰之中,过分繁复豪华的装饰和古怪奇特的结构,形成强烈的视觉冲击和神秘气氛。

18世纪中期的美国追随欧洲文艺复兴的样式,用砖和木枋来建造城市住宅,称为"美国乔治式住宅"。这一类住宅一般2～3层,成联排式样。从前门进入宽大的中央大厅,由漂亮的楼梯引向二层大厅。门厅两边有客房和餐厅,楼上为卧室,壁炉、烟囱设在墙的端头,厨房和佣人房布置在两翼。室内装修多以粉刷墙和木板饰面,富裕一些的家庭则在门、窗、檐口一带做木质或石膏的刻花线。壁炉框及画框都用欧洲古典细部装饰,还有的喜欢在一面墙上贴中国式的壁纸,大厅地面多为高级木板镶拼,铺一块波斯地毯,显示主人的优越地位。费城的鲍威尔住宅就是一个典型的代表作。

(十)新古典主义

在18世纪中期,新古典主义与巴洛克在法国几乎是并存发展的。进入19世纪后,继续有力地影响着法国,特别是在1804年拿破仑称帝之后,为了宣扬帝国的威力、歌颂战争的胜利,也为他自己竖立纪念碑,在国内大规模地兴建纪念性建筑,对19世纪的欧洲建筑影响很大。这种帝国风格的建筑往往将柱子设计得特别巨大,相对开间很窄,追求高空间的傲慢与威严。具有代表性的建筑有巴黎的圣日内维夫教堂(又名"万神庙",建于1756—1789年)和巴德莱娜教堂(又名"军功庙",建于1804—1849年)。这些建筑大厅内均有高大的科林斯柱子支撑着拱券,山花和帆拱的运用正是罗马复兴的表现,图案和雕刻分布合理,体现了罗马时期建筑的豪华而不奢侈,表现出一种冷漠的壮观。

新古典主义在与法国为敌的英国以及德国、美国一些地方则表现为希腊复兴。他们认为古希腊建筑无疑是最高贵的,具有纯净的简洁,其代表作有英国伦敦大英博物馆和爱丁堡大学,德国柏林博物馆和宫廷剧院,美国纽约海关大厦(现为联邦大厦)。这些建筑模仿希腊较为简洁的古典柱式,追求雄浑的气势和稳重的气质。

（十一）浪漫主义

浪漫主义起于 18 世纪下半叶的英国，其在艺术上强调个性，提倡自然主义，反对学院派古典主义，追求超凡脱俗的中世纪趣味和异国情调。19 世纪 30—70 年代是浪漫主义风格发展的第二阶段，此时浪漫主义已发展成颇具影响力的潮流，它提倡造型活泼自然、功能合理适宜、感觉温情亲切的设计主张，强调学习和模仿哥特式的建筑艺术，又被称为"哥特式复兴"。其主要代表作品有 1836 年始建的英国伦敦议会大厦、1846 年始建的美国纽约圣三一教堂、林德哈斯特府邸。在这些实例中都能看到哥特式的尖券和扶壁式的半券，彩色玻璃镶嵌的花窗图案仍然是那样艳丽动人。

（十二）工业革命时期

18 世纪末到 19 世纪初是西方工业革命的发展时期，世界工业生产的发展与变化给室内设计带来了新意。早期工业革命对室内设计的影响，其技术性大于美学性。用于建筑内部的钢架构件有助于获取较大的空间；由蒸气带动的纺织机、印花机生产出大量的纺织品，给室内装饰用布带来更多的选择。

19 世纪中期，钢铁与玻璃成为建筑的主要材料，同时也给室内设计创造出历史上从未有过的空间形式。1851 年，由约瑟夫·帕克斯顿为举办首届世界博览会而设计的"水晶宫"更是将铸造厂里预制好的铁构架、梁架、柱子运到现场铆栓装配，再将大片的玻璃安装上去，形成巨大的透明的半圆拱形网架空间。另外，结构工程师埃菲尔设计了著名的铁塔和铁桥，也设计了巴黎廉价商场的钢铁结构，宏大的弧形楼梯和走道与钢铁立柱支撑的玻璃钢构屋顶，创造出开敞壮观的中庭空间。

（十三）工艺美术运动

19 世纪下半叶，设计界出现了一股既反对学院派的保守趣味,又反对机械制造产品低廉化的不良影响的有组织的美学运动,称为"工艺美术运动"。这场运动中最有影响的人物是艺术家兼诗人威廉·莫里斯,他信奉拉斯金的理论,认为真正的艺术品应是美观而实用的,提出"要把艺术家变成手工艺者,把手工艺者变成艺术家"的口号。他主要从事平面图形设计,如地毯(挂毯)、墙纸、彩色玻璃、印刷品和家具设计。他的图案造型常常以自然为母题,表达出对自然界生灵的极大尊重。他的设计风格与维多利亚风格类似,但相对来说更为简洁、高贵和富于生机。

图 4-21　水晶宫内景

(十四)现代主义运动

1.现代主义产生的历史背景

20 世纪初,工业化及其所依赖的工业技术为人们的生活带来了巨大的变化,如生活中电话、电灯的使用,旅行中轮船、火车、汽车和飞机的采用,结构工程中钢和钢筋混凝土材料的运用等等。纵观人类历史,过去手工劳动是主要的生产方式,而这时已经很少有手工产品了,工厂生产的产品也越来越标准化,于是人们在艺术、建筑领域中更加感觉到:历史上一直遵循的传统与这个现代世界的距离越来越远了。

2.现代主义的倡导者

现代主义运动希望提出一种适应现代世界的设计语汇,这种运动涉及所有艺术领域,如绘画、雕塑、建筑、音乐与文学。在建筑设计领域有四位人物被认为是"现代运动"的先驱和发起人——欧洲的沃尔特·格罗皮乌斯、密斯·凡·德罗、勒·柯布西耶和美国的弗兰克·劳埃德·赖特,这四位大师既是建筑师,同时又都活跃于室内设计领域。

(1)格罗皮乌斯

1919年,格罗皮乌斯出任魏玛"包豪斯"(Bauhaus)校长,在包豪斯宣言中,他倡导艺术家与工匠的结合,倡导不同艺术门类之间的综合。

1925年,"包豪斯"迁至工业城市德绍,由格罗皮乌斯设计了新的校舍。包豪斯校舍于1926年竣工,这是一组令人印象深刻的建筑群,无论平面布局还是立面表达都体现了包豪斯的理念。复杂组群中最显著的部分是用作车间的四层体块,在这里学生们能进行真正的实践,各种材料均在这些车间中生产。包豪斯校舍引人注目的外观来自车间建筑三层高的玻璃幕墙、其他各面朴素的不带任何装饰的白墙、墙面上开着的条形大窗以及宿舍外墙上突出的带有管状栏杆的小阳台。

"包豪斯"校舍设计强调功能决定形式的理念,建筑的平面布局决定建筑形式,这是对传统的巨大冲击,影响十分深远。"包豪斯"的室内非常简洁,并且功能与外观有着直接的关联。格罗皮乌斯主持的校长办公室室内设计引人注目,表现出对线性几何形式的探索。学生和指导教师设计的家具和灯具亦随处可见,对白色、灰色的运用以及重点使用原色的方法使人联想起风格派的手法。

(2)密斯·凡·德罗

密斯·凡·德罗是一个真正懂得现代技术并熟练地应用了现代技术的设计师,他的作品比例优美,讲究细部处理,通过现代技术所提供的高精度的产品和施工工艺来体现"少就是多"的理念。密斯善于把他人的创作经验融会到自己的建筑语言中去,他的作品虽有浓郁的个人色彩,但却能用最抽象的形式来抑制个人冲动,追求表达永恒的真理和时代精神。

（a）外景　　　　　　　　　　　　　（b）内景

图 4-22　包豪斯校舍

1913 年,密斯·凡·德罗在柏林创办了自己的事务所。1927年,作为德意志制造联盟副主席的密斯主持了斯图加特国际住宅博览会。当时现代运动的许多领袖,包括格罗皮乌斯与勒·柯布西耶,都被邀请设计某些样板住宅,密斯则设计了展览会中最大的住宅。这是一座高三层、有屋顶平台的公寓住宅,具有光面白墙和宽阔带形长窗等国际式建筑的典型特征。室内简洁朴素的特征清楚地表明了密斯的名言——"少就是多",色彩和各种材料的纹理成为唯一的装饰元素。

密斯的另一个代表作是 1929 年巴塞罗那博览会中的德国展览馆。巴塞罗那馆布置在一座宽阔的大理石平台上,有两个明净的水池。整幢建筑结构简单,由八根钢柱组成,柱上支撑着一个平板屋顶。建筑没有封闭的墙体,像屏幕一样的玻璃和大理石墙呈不规则的直线形,并布置成抽象形式,其中一部分墙体延伸到室外。巴塞罗那馆是一座发挥钢和混凝土性能的建筑,它的结构方式使墙成为自由元素——它们不起支撑屋顶的作用,室内空间可以自由安排。这个作品凝聚了密斯风格的精华和原则:水平伸展的构图、清晰的结构体系、精湛的节点处理、高贵而光滑材料的使用、流动的空间、"少就是多"的理念等等。

（3）勒·柯布西耶

勒·柯布西耶是一位对后代建筑师产生重大影响的现代主义大师。早在1914年,勒·柯布西耶在他提出的"多米诺"体系中,就已经把建筑还原到最基本的水平和垂直的支撑结构以及垂直交通构件,这样就为室内空间的营造提供了最大限度的自由。

20世纪20年代初,勒·柯布西耶和友人共同创办了《新精神》杂志。

巴黎近郊的萨伏伊别墅是勒·柯布西耶最著名、最有影响力的作品之一。在室内设计中,没有任何多余的线脚与烦琐的细部,强调建筑构件本身的几何形体美以及不同材质之间的对比效果;内部空间用色以白为主,辅以一些较为鲜艳的色彩,追求大的色彩对比效果,气度大方而又不失活泼之感;内部的家居与陈设也突出其本身的造型美和材质美,强化了建筑的整体感,使之成为一个完美的艺术品。该住宅同格罗皮乌斯设计的包豪斯校舍、密斯设计的巴塞罗那德国馆一起成为20世纪最重要的建筑之一,标志着现代建筑的发展方向。

图4-23　萨伏伊别墅

(4)弗兰克·劳埃德·赖特

赖特是 20 世纪的另一位大师，是美国最重要的建筑师，在世界上享有盛誉。赖特一生设计了许多住宅和别墅，他的一些设计手法打破了传统建筑的模式，注重建筑与环境的结合，提出了"有机建筑"的观点。

赖特最具代表性的作品当属流水别墅，这是 1936 年为考夫曼家庭建造的私人住宅。建筑高架在溪流之上，与自然环境融为一体，是现代建筑中最浪漫的实例之一。流水别墅共三层，采用非常单纯的长方形钢筋混凝土结构，层层出挑，设有宽大的阳台，底层直接通到溪流水面。未装饰的挑台和有薄金属框的带形窗暗示了设计者对欧洲现代主义的认识。流水别墅的室内空间设有自然石块和原木家具，非常强调与户外景观的联系，达到内外一体的效果。

（a）外景　　　　　　　　　　（b）内景

图 4-24　流水别墅

3.现代主义的发展

第二次世界大战期间，原材料的匮乏对现代主义风格提出了挑战，但同时又创造了机会。早期的现代主义作品往往依赖于高质量的材料来表达其自然的肌理，材料的高贵弥补了形式的单调。战争期间只能提供最普通、最粗糙的原料，这却反而促成了现代主义风格的大众化，更能体现出它最基本的特征。

　　二战前夕，现代主义大师们从欧洲迁徙美国，他们不仅把现代主义的中心移到了美国，更重要的是在美国兴建学院，培养了一批设计新人。1937年，格罗皮乌斯出任哈佛大学设计研究生院院长，传播包豪斯思想。1938年，密斯被聘为伊利诺伊理工学院建筑系主任。同时，布劳埃尔也执教于哈佛大学，这些包豪斯的主要人物在美国的教学活动无疑促进了现代主义在美国的发展。

　　二战结束后，西方国家进入经济恢复时期，建筑业迅猛发展，造型简洁、讲究功能、结构合理并能大量工业化生产的现代主义建筑纷纷出现，现代主义的观念开始被普遍地接受。在美国，统领室内设计迈上正统的现代主义道路的学派有格罗皮乌斯指导下的哈佛，密斯引导的国际式风格以及匡溪学派。

　　1948—1951年间，芝加哥湖滨路高层公寓的设计与建立，圆了密斯早期的设计摩天楼之梦。1954—1958年间，他又完成了著名的纽约西格拉姆大厦。密斯的成功标志着国际式风格在美国开始被广泛接受。美国最著名的设计事务所SOM于1952年设计了纽约的利华大厦，这是对密斯风格的一个积极响应。密斯风格已经成为从小到大、从简到繁的各类建筑都能适用的风格，而且它古典的比例、庄重的性格、高技术的外表也成为大公司显示雄厚实力的媒介，使战后的现代主义建筑不仅能有效地解决劳苦大众的居住问题，还能表达社会上流的身份与地位，甚至表达国家的新形象。

　　匡溪学派的核心人物是在20世纪30年代在匡溪艺术学院（也可译作克兰布鲁克艺术学院）执教或就学的依姆斯、小沙里宁、诺尔、伯托亚、魏斯等人。这个学派崭露头角于1938—1941年间，在纽约现代艺术博物馆举办的"家庭陈设中的有机设计"竞赛中，依姆斯和小沙里宁双双获得头奖，他们设计了曲面的合成板椅子、组合家具等。

　　现代主义能够盛行的另一个主要原因是因为它提出了全新的空间概念。20世纪，人类对世界认识的最大飞跃莫过于时间—空间概念的提出。在以往的概念中，时间和空间是分离的。但爱因斯坦的相对论指出,空间和时间是结合在一起的,人们进入了时间—空间相结合的"有机空间"时代。把"有机空间"的设计原则和"功能原则"结合在一起,就构成了现代主义最基本的建筑语言。在大师们的晚期作品中,常常能欣赏到这些原则淋漓尽致的发挥。例如,赖特的莫里斯商会(1948)和古根海姆美术馆(1959)的室内空间,都使用了坡道作为主要的行进路线,达到了时间—空间的连续;密斯的玻璃住宅打破了内外空间的界限,把自然景观引入室内;柯布西耶的朗香教堂(1950—1954)最全面地解释了有机建筑的原则,变幻莫测的室内光影,把时间和空间有效地结合在一起。

图 4-25　古根海姆美术馆

图 4-26　朗香教堂的室内光影

　　也正因为现代空间有如此丰富的表现手段,才使人们认识到单纯装饰的局限性,才使室内设计从单纯装饰的束缚中解脱出来。与此同时,建筑物功能的日趋复杂、经济发展后的大量改造工程,进一步推动了室内设计的发展,促成了室内设计的独立。

(十五)20 世纪晚期的室内设计

随着后工业社会和信息社会的到来,人类开始面临新的挑战,人们逐渐认识到:设计既给人们创造了新的环境,又往往破坏了既有的环境;设计既给人们带来了精神上的愉悦,又经常成为过分的奢侈品;设计既有经常性的创新与突破,又往往造成新的问题。今天,人们已经不能用一两种标准来衡量设计,对不同矛盾的不同理解和反应,构成了设计文化中的多元主义基础。自由与严谨、热情与冷静、严肃与放纵、进步与沉沦……这些相对立的体验,在多元主义时代的设计中都能印证它们的存在。

1. 晚期现代主义

20 世纪五六十年代以后,现代建筑从形式的单一化逐渐变成形式的多样化,虽然现代建筑简洁、抽象、重技术等特性得以保存和延续,但是这些特点却得到最大限度的夸张:结构和构造被夸张为新的装饰;贫乏的方盒子被夸张为各种复杂的几何组合体;小空间被夸张成大空间……夸张的对象不仅仅是建筑的元素,一些设计原则也走向了极端。这种夸张,虽然深化、拓展了现代主义的形式语言,但也成了现代主义一种独特的风格与手法。

早在 19 世纪 80 年代,沙利文就提出了“形式追随功能”的口号,后来“功能主义”的思想逐渐发展为形式不仅仅追随功能,还要用形式把功能表现出来。这种思想在晚期现代主义时期进一步激化,美国建筑师路易斯·康的“服务空间”—“被服务空间”理论就是典型代表。

路易斯·康认为“秩序”是最根本的设计原则,世界万象的秩序是统一的。建筑应当用管道给实用空间提供气、电、水等并同时带走废物。因而,一个建筑应当由两部分构成——“服务空间”

(Servant Space)和"被服务的空间"(Served Space),并且应当用明晰的形式表现它们,这样才能显现其理性和秩序。这种用专门的空间来放置管道的思想在路易斯·康的早期作品中就已形成。他非常钟爱厚重的实墙,认为现代技术已经能够把古代的厚墙挖空,从而给管道留下空间,这就是"呼吸的墙"(Breathing Wall)的思想。20世纪50年代初,他为耶鲁大学设计的耶鲁美术馆中,又发展了"呼吸的顶棚"(Breathing Ceiling)的概念。这个博物馆是个大空间结构,顶棚使用三角形锥体组合的井字梁,这样屋盖中就有通长的、可以贯通管道的空间,集中了所有的电气设备,使展览空间非常干净、整洁。在以后的几个设计中,路易斯·康又逐渐认识到"服务空间"不应当仅仅放在墙体和天花的空隙中,而要作为专门的房间。这种思想指导了宾夕法尼亚大学理查兹医学实验楼的设计:三个有实用功能的研究单元("被服务空间")围绕着核心的"服务空间"——有电梯、楼梯、贮藏间、动物室等。每个"被服务空间"都是纯净的方形平面,又附有独立的消防楼梯和通风管道("服务空间"),同时使用了空腹梁,可以隐藏顶棚上的管道。

"服务空间"和"被服务空间"虽然有其理性的基础,但这种思想最终被形式化,"服务空间"变成了被刻意雕琢的对象,不惜花费大量的财力来表现它们,使之成为塑造建筑形象的元素。这种手法主义的做法实际上已经偏离了"形式追随功能"的初衷,走向了用形式来夸张功能之路,构成了晚期现代主义设计风格的一大特点。这种形式主义还表现为把结构和构造转变为一种装饰。现代主义建筑没有了装饰元素,但它们的楼梯、门窗洞、栏杆、阳台等建筑元素以及一些节点替代了传统的装饰构件而成为一种新的装饰品。现代主义设计师擅长于抽象的形体构成,往往用有雕塑感的几何构成来塑造室内空间;现代主义的设计师还擅长于设计平整、没有装饰的表面,突出材料本身的肌理和质感。因而,晚期现代主义风格把现代主义推向装饰化时,产生了两个趋势——雕塑化趋势和光亮化趋势。

如果说抽象主义可以分为冷抽象和热抽象的话,雕塑化趋势也可以分为冷静的和激进的两个方向,即可以用极少主义和表现主义来加以概括。

极少主义和密斯的"少就是多"的口号相一致,它完全建立在高精度的现代技术条件下,使产品的精密度变成欣赏的对象,无需用多余的装饰来表现。20 世纪 60 年代初,一批前卫的设计师在密斯口号的基础上提出了"无就是有"的新口号,并形成了新的艺术风格。他们把室内所有的元素,如梁、板、柱、窗、门、框等,简化到不能再简化的地步,甚至连密斯的空间都达不到这么单纯。建筑师贝聿铭就是极少主义的典型代表,他的设计风格在于能精确地处理可塑性形体,设计简洁明快,其代表作品有肯尼迪图书馆和华盛顿国家美术馆东馆。

在华盛顿国家美术馆东馆中,美术馆的主体——展厅部分非常小,而且形状并不利于展览,最突出的反而是中庭的共享空间。在开始设计时,中庭的顶棚是呈三角形肋的井字梁屋盖,这样显得庄严、肃穆。后来改用 25 个四边形玻璃顶组成的采光顶棚,使空间气氛比较活跃。中庭的另一个特点是它的交通组织,参观者的行进路线不断变化,似乎更像是从不同的角度欣赏建筑,而不是陈列品。中庭的产生使室内设计的语言更加丰富,并且提供了充足的空间,使室外空间的处理手法能运用于室内设计,更好地实现了现代主义内外一致的整体设计原则。

图 4-27　华盛顿国家美术馆东馆

整体设计的典型代表作有小沙里宁设计的纽约肯尼迪机场
TWA候机楼。候机楼的曲面外形有一个非常简明的寓意——一
只飞翔的大鸟,它的室内空间除了一些标识自成系统之外,其余
的座椅、桌子、柜台以及空调、暖气、灯具等都和建筑物浑然一体。
为了和双曲面的薄壳结构相呼应,这些构件也用曲线和曲面表现
出有机的动态,使建筑形成统一的整体。

图 4-28　纽约肯尼迪机场 TWA 候机楼

2.后现代主义

由于现代主义设计排除装饰,大面积的使用玻璃幕墙,采用
室内、外部光洁的四壁,这些理性的简洁造型使"国际式"建筑及
其室内千篇一律、毫无新意。久而久之,人们对此感到枯燥、冷漠
和厌烦。于是,20世纪60年代以后,一种新的设计风格——后现
代主义应运而生,并广泛受到欢迎。

20世纪后期,世界进入了后工业社会和信息社会。工业化在
造福人类的同时,也产生了环境污染、生态危机、人情冷漠等矛盾
与冲突。人们对这些矛盾的不同理解和反应,构成了设计文化中
多元发展的基础。人们认识到建筑是一种复杂的现象,是不能用

一两种标准,或者一两种形式来概括,文明程度越高,这种复杂性越强,建筑所要传递的信息就越多。1966 年,美国建筑师文丘里的《建筑的复杂性与矛盾性》一书就阐述了这种观点。他认为:"现代主义运动所热衷的简单与逻辑是现代运动的基石,但同时也是一种限制,它将导致最后的乏味与令人厌倦。"文丘里从建筑历史中列举了很多例子,暗示这些复杂和矛盾的形式能使设计更接近充满复杂性和矛盾性的人性特点。

1964 年为母亲范娜·文丘里在费城郊区栗子山设计的住宅是文丘里所设计的第一个具有后现代主义特征构想的建筑物。其基本的对称布局被突然的不对称所改变;室内空间有着出人意料的夹角形,打乱了常规方形的转角形式;家具令人耳目一新,而非意料中的现代派经典。此外,费城老人住宅基尔德公寓和康涅狄格州格林尼治城 1970 年建的布兰特住宅也都体现了类似的复杂性。

1978 年,汉斯·霍莱因设计的维也纳奥地利旅游局营业厅的室内,则是对文丘里理论最直观的阐释与表现。20 世纪 70 年代末,迈克尔·格雷夫斯开始为桑拿家具公司设计系列展厅。这期间,格雷夫斯趋向于把古典元素简化为积木式的具象形式。在 1979 年设计的纽约桑纳公司的室内设计中,他把假的壁画和真实的构架糅合在一起,造成了透视上的幻觉。这种作法是文艺复兴后期手法主义的复苏。

作为新的设计趋向的代表,霍莱因和格雷夫斯有着共识。一方面他们延续了消费文化中波普艺术的传统,其作品都很通俗易懂,意义虽然复杂,但至少有能让人一目了然的一面,即文丘里所谓的"含混";另一方面,这些作品中又包含着高艺术的信息,显示了设计师深厚的历史知识和职业修养,因而又有所脱俗。这种通俗与高雅、美与丑、传统与非传统的并立,也是信息时代的典型艺术特点。

3. 高技派

现代主义风格作为 20 世纪的主要设计风格,在多元主义时代继续发展。技术既是现代主义的依托,又是现代主义的表现对象。20 世纪晚期,"高技派"作为后现代时期与"后现代主义"并行的一股潮流,与后现代主义一样,强调设计作为信息的媒介,强调设计的交际功能。

在后工业社会,"高技术、高情感"变成一句口号。高技派设计师们认为:所有现代工程 50％以上的费用都是由供应电、电话、管道和空气质量服务的系统产生的,若加上基本结构和机械运输(电梯、自动扶梯和活动人行道),技术可以被看做所有建筑和室内的支配部分。这些系统在视觉上明显和最大限度地扩大了它们的影响,导致了高技派设计的特殊风格。

高技派设计风格的典型代表当属巴黎的蓬皮杜中心(1971—1977)。这一作品由意大利人伦佐·皮亚诺和英国人理查德·罗杰斯合作设计。这座巨大的多层建筑在外部暴露并展示了其结构、机械系统和垂直交通(自动梯),西边暗示了正在施工的建筑脚手架,东边则暗示了炼油厂或化工厂的管道。内部空间同样坦率地显示了顶部的设备管道、照明设备和通风管道系统,而这些设备管道过去都是习惯于隐藏在结构中的。这座建筑受到公众的强烈欢迎,成为游人的必去之处。

(a) 外景　　　　　　　　　　(b) 内景

图 4-29　巴黎蓬皮杜中心

英国设计师福斯特设计的香港上海汇丰银行(1980—1986),其室内亦应用了高技派常用的手法,但同时也充满了人文主义的因素。入口大厅通向上层营业厅的自动扶梯,呈斜向布置。这种方向的调整据说是顺从了风水师的教化,却使室内空间更加丰富。在这个纯机械的室内,设计师努力不使职员感到生活在一个异化的环境之中。福斯特把办公区分成五个在垂直方向上叠加的单元,职员先乘垂直电梯达到他所在单元的某一层后,再换乘自动扶梯去他的办公室所在的那一层。这种交通设计既解决了摩天楼中电梯滞留次数过频的老问题,又能增进不同层、不同部门职员之间的了解与交流。

图 4-30　香港上海汇丰银行①

---

① 陈易.室内设计原理[M].北京:中国建筑工业出版社,2006.

4.解构主义

解构主义出现于 20 世纪 80 年代和 90 年代的作品之中,是被用来界定设计实践的一种倾向。解构主义的一个突出表现就是颠倒、重构各种既有词汇之间的关系,使之产生出新的意义。运用现代主义的词汇,从逻辑上否定传统的基本设计原则,由此构成了新的派别。解构主义用分解的观念,强调打碎、叠加、重组,把传统的功能与形式的对立统一关系转向两者叠加、交叉与并列,用分解和组合的形式表现时间的非延续性。解构主义一词既指俄国构成主义者塔特林、马列维奇和罗德琴柯,他们常关注将打碎的部分组合起来,也指解构主义这一法国哲学和文学批评的重要主题,它旨在将任何文本打碎成部分以提示叙述中表面上不明显的意义。

由伯纳德·屈米设计的巴黎拉维莱特公园(1982—1985)是解构主义的代表作。屈米在公园中布置了许多小亭子,均由基本的立方体解构成复杂的几何体,涂上鲜红色并按公园里的一个几何网格布置在开敞的公园中。这些亭子有各种功能——一个咖啡馆,一个儿童活动空间,一个观景平台……因此,多数亭子人们可以进入,从而可以从内部看到它们切割的形式。几个大一些的建筑单体则包含了似乎是偶然形成的错综复杂关系的成分。

图 4-31　巴黎拉维莱特公园内景

作为纽约五人之一而为人所知的彼得·埃森曼根据复杂的解构主义几何学发展了他的设计作品。他设计的一系列住宅,使用了格子形布局法,有些格子是重叠的,室内外则都保持白色。康涅狄格州莱克维尔的米勒住宅,由两个互成 45°角的冲突交叉和叠合的立方体形成。结果,室内空间成为全白色的直线形雕塑的抽象空间,一些简单的家具则可适应居民的生活现实。

弗兰克·盖里一直不承认自己是解构主义者,但他已经成为解构主义最著名的实践者之一。他最早引起人们注意的作品是他自己在洛杉矶郊外的住宅(1978—1988),他将各种构件分裂,然后再附加到住宅外部的组合方法暗示了偶然的冲突。在这个住宅以及洛杉矶地区的其他设计中,盖里采用了将一般材料和内部色彩进行表面上随意而杂乱地相互穿插的处理方式。此外,在1998 年由盖里设计的西班牙毕尔巴鄂的古根海姆博物馆是另一个有趣的作品,其建筑整体是一个复杂的形式,外部包以闪光的钛合金皮,内部空间则反映了外部形式的错综复杂和变化多端。复杂和曲线空间的设计,过去一直受到绘图和工程计算等实际问题的限制,同时也受到实际建筑材料切割与组装的制约,为此盖里开发了计算机辅助设计,探讨了做出自由形体的潜能。

图 4-32　西班牙古根海姆博物馆内景

除了以上一些主要倾向之外，还有大量设计师进行了各种各样的尝试与探索，产生了诸多优秀作品与理论，室内设计界展现出生气勃勃的景象，可以相信室内设计仍将一如既往地为人类文明创造美好的环境。展望未来，室内设计仍将处于开放的端头，它的变化将与建筑设计及其他艺术门类中的变化思潮同步发展，这些思潮的变化并不局限于美学领域，而是与整个社会的变化相和谐、与科学技术的进步相和谐，与人类对自身认识的深化相和谐，室内设计将永无止境地不断向前发展。

（十六）其他国家典型的室内设计

1. 中国传统风格

对于中国建筑室内设计艺术的风格大致可以从以下几个方面进行解读。

第一，从环境整体来看，中国传统风格的室内设计与室外自然环境相互交融，形成内外一体的设计手法，设计时常以可自由拆卸的隔扇门分界。

第二，中国传统风格的室内设计自古至今多左右对称，以祖堂居中，大的家庭则用几重四合院拼成前堂后寝的布置，即前半部居中为厅堂，是对外接应宾客的部分，后半部是内宅，为家人居住部分。内宅以正房为上，是主人住的，室内多采用对称式的布局方式，一般进门后是堂屋，正中摆放佛像或家祖像，并放些供品，两侧贴有对联，八仙桌旁有太师椅，桌椅上雕有花纹图案栩栩如生，风格古朴、浑厚。

第三，内部环境常用屏风、帷幔或家具按需要分隔室内空间。屏风是介于隔断及家具之间的一种活动自如的屏障，是很艺术化的一种装饰。屏风有的是用木雕成，而且可以镶嵌珍宝珠饰，有的先做木骨，然后糊纸或绢等。

第四，装饰材料上主要以木质材料为主，大量使用榫卯结构，有时还对木构件进行精美的艺术加工。

图 4-33 中国传统风格室内

第五，在室内的用色方面，以宫殿、庙宇为例，色彩重对比，以黄、红、绿、青为主，辅以黑、白、金。

第六，室内陈设汇集字画、古玩，种类丰富，无不彰显出中华悠久的文明史。中国传统的室内陈设善用多种艺术品，追求一种诗情画意的气氛，厅堂正面多悬横匾和堂幅，两侧有对联。堂中条案上以大量的工艺品作装饰，如盆景、瓷器、古玩等。中国传统的装饰艺术陈设是几千年中华民族传统智慧的结晶，其特点是总体布局对称均衡，在装饰细节上崇尚自然情趣、花鸟、鱼虫等精雕细琢，富于变化，充分体现了传统美学文化。

就目前所说的中国古典风格，其特点并非完全意义上的复古，而是通过中国古典室内风格的特征，表达对清雅、含蓄、端庄的东方式精神境界的追求。由于现代建筑的空间不太可能提供古典室内构件的装饰背景,因而中国古典风格的构成主要体现在传统家具及装饰品上,也就是说室内装饰方式、陈设方式常常是现代的,但装饰品、家具、陈设艺术品却是传统的,如多以中国传统壁画、历史人物画或以屏风、灯笼等作为室内视觉中心,安放几件深色的中国明式花梨木家具、清式红木家具、中国青花瓷器或其他中国传统工艺品,装饰织物多采用东方丝绸缎、织锦等。

图4-34 中国古典风格在现代室内设计的应用

2.日式古典风格

日式古典风格的室内设计极为简洁,装饰少,且多选用自然界的材料,例如,木、竹、石等,注重结构的合理和材质的精良,既讲究材质的选用和结构的合理性,又充分地展示了其天然的材质之美,木造部分只单纯地刨出木料的本色,再以镀金或铜的用具加以装饰,体现出人与自然的融合。

图 4-35　日式客厅设计

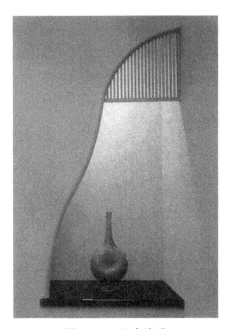

图 4-36　日式陈设

　　日式客厅以平淡节制、清雅脱俗为主;造型以直线为主,线条比较简洁,一般不多加烦琐的装饰,更重视实际的功能。家具陈设以茶几为中心,墙面上使用木质构件作几何形状与细方格的木质推拉门、窗,室内形成"小、精、巧"的模式,利用檐、龛空间,创造特定的幽柔润泽的光影,整体气氛朴素、文雅、柔和。然而日本现代主义风格则关怀现代人的社会活动方式,注重室内环境与整体环境的关系,合理地把握室内空间尺度。

宁静是日式室内设计追求的目标,室内以淡薄为重,较少家具陈设,陈设布置以较矮的茶几形成中心,在茶几周围放置椅凳或索性放置日本式蒲团(坐垫)。还可陈设日本茶道陶瓷或漆器,用日本"花道"插花、日本式挂轴以及悬挂细竹帘子来增加室内淡雅的气氛。

3.伊斯兰传统风格

伊斯兰建筑大量使用拱券结构,券的形式有双圆心尖券、马蹄券、火焰券、花瓣券等,因此,丰富的拱券样式便成了室内装饰的重点。除此之外还大量使用装饰图案,纹饰主要有三种,即植物图案、几何图案、文字图案,如图 4-37 所示。以上这两方面形成了伊斯兰风格的主要特点。

（a）植物图案（卷草纹）

（b）几何图案

（c）文字图案

图 4-37　伊斯兰室内风格的装饰图案

伊斯兰风格的室内常运用华丽、跳跃、对比的色彩,深蓝、浅蓝则是最多见的色彩。墙面以粉画装饰且多镶嵌彩色玻璃面砖,门窗用雕花、透雕的板材作栏板,石膏浮雕也是惯用的装饰手段。室内还多用华丽的壁毯和地毯装饰。整体风格则透出东西合璧的艺术特色,如图4-38所示。

图4-38　伊斯兰风格在现代室内设计中的应用

二、室内软装的现状与发展

在全球对环境意识逐渐觉醒的今天,人们发现自己的生活空间已被千篇一律的程式化布置或早已被别人设计好的环境不断扭曲时,开始渴望自身价值的回归,寻求"人—空间—环境"的和谐共生的空间环境,这就需要我们的软装饰设计以人为本,配合室内环境的总体风格,利用不同装饰物呈现出不同的性格特点和文化内涵,使单纯、枯燥、静态的室内空间变成丰富的、充满情趣的、动态的空间。

一位资深家居设计大师认为,就家居环境而言,软装饰设计是对主人的修养、兴趣、爱好、审美、阅历,甚至情感世界的诠释;也有从家装市场反馈回来的最新消息称,近六成的装修公司设计师认为：时尚、高档硬体装修材料并非是优质装修的必要条件，整体装修效果的突出更多源自新颖的装修手法、合理的家具配置及精心选用的饰品，这些软装饰设计成为业主对家庭人居环境关注的核心。

　　软装饰本身具有简单易行、花费少、随意性大、便于清洁等优点，随着大众收入的提高，室内软装饰消费正成为室内空间装饰的新热点。根据市场上装饰公司的调查数据显示，在国内，一般家庭新居装修第一年的总费用的平均值为 71038.6 元，其中硬装修的平均花费为 57591 元，占总装修支出费用的 81.1%。而用于软装饰的平均消费为 13447.6 元，占总装修支出的 18.9%。然而从第二年开始，用于硬装修的费用几乎没有，更多的家庭会通过更新或添加软装饰来弥补硬装修的遗憾和陈旧。这组调查数据显示，第二年起，一个家庭用于软装饰的花费每年平均为 7786.8 元，而且会随着年数的递增，物品的新旧更替，流行风尚的潮流交替，室内布局的变动等，其花费还会不断提升。

　　"轻硬装，重软装"的居家理念正在风行。软装市场迅速涌现出宜家、特力屋、百安居三大亚洲家饰软装品牌。在一些经济发达的沿海城市，如北京、上海、深圳、广州等地相继出现了专业的软装饰设计服务公司，在室内软装饰设计的实践应用方面做出了初步的探索。尤其是上海，中国软装饰界的先驱之地，与软装饰相关的各大花艺专营市场、灯具专营市场林立许久，大型家具专卖店、大型饰品专卖店以及专业的软装时尚杂志等都应运而生，并迅速成为这个国际大都市的一枚不可缺少的时尚标志。

　　21 世纪的软装饰设计行业将朝着人性化、个性化、新颖化、精细化的目标迈进，这就需要软装饰设计师具备全面的综合素养。希望通过本教材的引导，让学员们对室内设计，对家具陈设、灯光环境设计、植物配置、饰品点缀、布艺装饰、色彩搭配等各个软装饰设计所涉及的方面，以及这些软装饰产品在市场上的价格、风格、尺度、系列……有一个全面的了解，把握行业发展的主流趋势，成为一个出色的室内软装设计师。

第五章　室内软装设计的风格与方法

室内软装设计的风格是人们通过长期的生活实践,并结合当地的人文因素、自然条件,逐步总结、积累而成的。可以说,室内软装风格与社会体制、生活方式、文化潮流、民族特征、风俗习惯、宗教信仰等有着重要关系。本章即从室内软装的各种风格、搭配原则以及设计手法等方面,进一步论述室内软装设计。

第一节　室内软装的风格表达

一、新中式风格

(一)新中式风格的形成

中国传统装饰风格竭力排斥外来文化,使建筑形态基本上保持了隋唐时代以来的特征。而新中式风格更多的表现的是唐、明清时期的设计理念,撤去刻板、暗淡的装饰造型和色彩,注重内在品质,改用现代的装饰材料和更加明亮的色彩来表达空间。

新中式风格通过设计的手法将传统与现代有机地结合在一起,如图 5-1,传统中式中的木刻雕花门在这里只保留了上部精美的雕花,作为空间的隔断,下部的木饰处理得简单干练。整个空间的布局形式融入了灵活的布局形式,色彩更富有西式的色调,白色的顶棚、青灰色的墙面、深色的家具，以明度对比为主，更富有中国水墨画的情调和韵味。

图 5-1　传统与现代相结合的新中式设计

（二）新中式风格中的家具特点

在家具的形态上，新中式风格将原来的纯木质结构的家具结合西式沙发的特点，融入了布艺和坐垫，使用起来更舒适；原来的条案，现在更多地作为处理空间装饰的重要家具，在上面放置花瓶、灯具或其他装饰，与墙上的挂画形成一处风景，如图 5-2 所示；原来用作入户大门上的门饰，现在也可以作为柜门上的装饰进行灵活的运用。

（三）新中式风格中的修饰物品

在空间的软装部分，可以运用瓷器、陶艺、中式吉祥纹案、字画等物品来修饰。如图 5-3 所示，采用不锈钢材质来表现传统的纹案，作为床头的装饰；优质细腻的瓷器花瓶作为床头灯。中式的华贵典雅点到即止，更多的是现代的元素，造型结构流畅简洁。软包的床头背景、床头板给空间带来更多的暖意，使空间在现代生活中流淌着淡淡的古韵。

图 5-2 新中式风格的家具

图 5-3 新中式风格中的修饰特点

(四)新中式风格中对于空间层次感的突出

新中式风格在空间上追求空间的层次感,多采用木质窗棂、窗格,或镂空的隔断、博古架等来分隔或装饰空间。如图 5-4 所示,整个空间层次非常丰富,暗而不闷,厚而不重,有格调又不显压抑。

图 5-4　新中式风格对于空间层次感的追求

二、欧式风格

欧式风格是传统设计风格之一,泛指具有欧洲装饰文化艺术的风格。比较具有代表性的欧式风格有古罗马风格、古希腊风格、巴洛克风格、洛可可风格、新古典风格、英式风格、西班牙风格等。欧式风格强调空间装饰,喜用华丽的雕刻、浓艳的色彩、精美的装饰达到富丽堂皇的装饰效果,如图 5-5 的餐桌设计,高雅、华丽。这里重点介绍新古典风格、田园风格,以及美国乡土风格。

图 5-5　欧式风格的餐桌设计

（一）欧式风格的特点

1.拱形元素的应用

拱形元素作为欧式风格的常用元素，这里用作了墙面装饰，见图 5-6 所示。

图 5-6　拱形元素在欧式风格中的应用

2.彩绘的应用

彩绘也是欧式风格常用的一种装饰手法,如图 5-7,在墙面造型中,画一幅写实的油画作为墙面的背景,前面摆放装饰柜,搭配对称的灯具和花卉,亦真亦假。

图 5-7　彩绘在欧式风格中的应用

3.壁炉的应用

壁炉在早期的欧式家居中主要为了取暖,后来随着欧式风格的逐渐风靡,壁炉逐渐演变成欧式装饰中的重要元素,如图 5-8。

4.罗马柱的应用

罗马柱是欧式风格中必备的柱式装饰,罗马柱的柱式主要分为多立克柱式、爱奥尼柱式、科林斯柱式,此外,还有人像柱在欧式风格中也较为常见。

图 5-8　壁炉在欧式风格中的应用

此外,欧式风格比较注重墙面装饰线条和墙面造型,如图 5-9 所示,墙面上部是大理石饰面,下部是带有装饰线条的护墙板。在墙面的装饰采用对称式布局形态,以装饰镜为中心,壁灯和装饰画分别左右对称。

图 5-9　欧式风格软装中的墙面装饰

（二）新古典风格

新古典风格以精致高雅、低调的奢华著称,纹路自然、光滑典雅的大理石材质、线条简洁的装饰壁炉、反光折射的茶色镜面、晶莹剔透的奢华水晶吊灯、花色华丽的布艺装饰、细致优雅的木质家具等组合在一起,创造出空间的尊贵气质被无数的家庭所追捧。

新古典装饰风格盛行于 18 世纪中期。在形式上,新古典装饰风格反对繁复、奢华的巴洛克风格和洛可可风格,主要强调精神的尊严、宁静,结构的单纯、均衡、比例的准确和优美等。它一方面充满了典雅的气息,另一方面又包含了时尚的魅力,呈现在人们眼前的是多种元素相融合的整体画面。

新古典风格体现的更多的是古典浪漫情怀和时代个性的融合,兼具传统和现代元素。它一方面保留了古典家具传统的色彩和装饰方法,简化造型,提炼元素,让人感受到它悠久的历史痕迹;另一方面用新型的装饰材料和设计工艺去表现,更体现出时代的进步和技术的先进,同时也更加符合现代人的审美观念。

1. 色彩上搭配

在色彩搭配上,新古典风格多使用白色、灰色、暗红、藏蓝、银色等色调,白色使空间看起来更明亮,不锈钢的银色带来金属的质感,暗红或藏蓝色增加色彩的对比,显得更加的高贵。如图 5-10 所示,家具以蓝色为主,加之深灰色的地毯,透露出一种典雅高贵的气氛,而白色墙壁和屋顶增加了室内的亮度和空间感。

2. 各细部的软装设计

在墙面的设计上,新古典风格多使用带有古典欧式花色图案和色彩的壁纸,配合简单的墙面装饰线条或墙面护板;在地面的设计上多采用大理石拼花,根据空间的大小设计好地面的图案形态,用自然的纹理来修饰。

图 5-10　新古典风格中的色彩搭配

在设计风格上,空间理念的表达更多的是表现对生活、对人生的一种态度,设计师在软装设计的时候,能否敏锐地洞知业主的需求和生活态度,在室内的软装陈设中尽量展现其唯美、典雅的一面,富有内涵的气质,把业主对生活的美好憧憬、对生活品质的热烈追求在空间中淋漓尽致地展现出来,如图 5-11 所示。

图 5-11　新古典风格的细部设计

（三）田园风格

1.田园风格概述

田园风格指欧洲各种乡村家居风格，它既表现了乡村朴实的自然风格，也表现了贵族在乡村别墅的世外桃源。

（1）不同地域田园风格的特点

田园风格之所以能够成为现代家装的常用装饰风格之一，主要是因其轻松自然的装饰环境所营造出田园生活的场景，力求表现悠闲、自然的生活情趣。田园风格重在表现室外的景致，但是不同的地域所形成的田园风格各有不同。

图 5-12　英式田园风格软装

（2）田园风格的软装特点

在田园风格中，织物的材料常用棉、麻的天然制品，不加雕琢，花鸟鱼虫、形形色色的动物及风情的异域图案更能体现田园特色。天然韵石材、板材、仿古砖因表面带有粗糙斑驳的纹理和质感，也多用于墙面、地面、壁炉等装饰，并特意把接缝的材质透出,显示出岁月的痕迹。

　　铁艺制品,造型或为藤蔓,或为花朵,枝蔓缠绕。常用的有铁艺的床架、搁物架、装饰镜边框、家具等。

　　墙面常用壁纸来装饰,有砖纹、石纹、花朵等图案。门窗多用原木色或白色的百叶窗造型,处处散发着田园气息,如图5-13所示。

图5-13　田园风格的软装设计

　　利用田园风格可以打造出适合不同年龄群的家居风尚。年轻人可以选择白色的家具、清新的搭配,具有甜美风格的田园感觉;年纪稍大的人可以选择深色或原木的家具,搭配特色的装饰,稳重而不失高贵。

　　田园风格休闲、自然的设计思想,使家居空间成为都市生活中的一方净土。

2.英国田园装饰风格

英国田园装饰风格可归属自然装饰风格一类。

（1）基本特征

英国田园装饰风格在室内环境中力求表现悠闲、舒畅、自然的田园生活情趣，常运用天然木、石、藤、竹等材质及其质朴的纹理。一些花花草草的配饰，华美的家饰布及窗帘，衬托出英国独特的室内风格。

小碎花图案是英国田园装饰的主题，往往是一些碎花床罩、格纹靠垫，用这种既美观大方又能帮助营造温馨睡眠微环境的素雅图案来装饰卧室。

英式手工沙发线条优美、颜色秀丽，注重布面的配色及对称之美，越是浓烈的花卉图案或条纹表现就越能传达出英式风格的味道。

（2）软装特点

英国田园装饰风格含蓄、温婉、内敛而不张扬，散发出从容淡雅的生活气息。墙面多彩用色彩比较鲜艳绚丽的壁纸或涂料，即便是白墙也挂满了各种饰物；地面多采用实木地板、天然石材或者是漂亮的地毯；门、窗、框和踢脚板多采用纯白色或者是木本色。

图 5-14　英式田园软装风格中的实木地板及桌子

田园风格一般还有一个较大面积的厨房和餐厅,橱柜和备餐台大多采用瓷砖铺面,餐桌用松木板钉,显得很好看又很实用;浴室里一定保留一个露着腿的传统式浴盆,绝不用玻璃隔断;最必不可少的是满屋子的花瓶和鲜花。

图 5-15　英式田园软装风格中的餐厅

在田园装饰风格中,布艺是必不可少的。人们往往对布艺的质感非常挑剔,且每件东西都有自己的位置和功能。而布艺又多以碎花、格子作为图案。

图 5-16　英式田园软装风格中花卉图案的布艺沙发及壁纸

英国田园风格的色彩以安逸、稳定为主,重绿辅黄,藤制品＋原木本色家具＋本色配饰——造型简单纯朴,营造出一派乡村怀旧风貌。

三、美国乡村风格装饰

美国的乡村装饰风格具有一种很特别的怀旧、浪漫情节,强调"回归乡土"。室内环境的"原始化""返璞归真"的心态和氛围,体现了乡土风格的自然特征,使这种风格变得更加轻松、舒适,突出了生活的舒适和自由。

(一)基本特征

美国乡村风格装饰的特点是务实、规范、成熟。在材料的选择上多倾向于较硬、光挺、华丽的材质。餐厅大多与厨房相连,操作方便,功能齐全,既有可供交流的餐区,也有简单的便餐区,是家人交流的重要区域。

起居室一般较客厅空间低矮平和,多采用舒适、柔和、温馨的材质组合,有效地建立起一种温暖的家庭氛围,电视等娱乐用品也都放在这一区域内。

(二)软装特点

1.色彩

美国乡村装饰风格的色彩选择很重要,多为复合色。色彩以自然色调为主,绿色、土褐色最为常见。木材在色彩上以原木自然色调为基础。居室以白色、红色、绿色、褐色为主,总之,十分重视整体色彩氛围。

2.布艺

美国乡村装饰风格特别重视软装。卧室的床品着眼于居室的舒适性和实用性,将居住者的适合度作为首要需求;客厅或卧室中的地毯大都华丽昂贵,以传统的花纹居多,使视觉效果丰富。

图 5-17　以自然色调为主的美国乡村软装风格

美国乡村风格的窗帘多为花朵或故事性图案;手感丰润的深色绒布窗帘与丝质窗帘则能体现出古典、奢华的质感;而条纹的纯棉窗帘则充满了美式田园气息。

从花色上来说,单块色(红、黑、灰、白)布艺现在不再流行,而各种繁复的花卉植物、靓丽的异域风情和鲜活的鸟虫鱼图案十分时兴。

图 5-18　美国乡村装饰风格中的布艺

艺术品也是提升家居设计品位的重要元素。名贵的水晶灯、优雅的油画、贵重的藏品等,都能为家居增添更多的人文气氛,展示居者的品位、个性。

3.家具

美国乡村风格的家具整体线条硬朗清晰,同时体积粗犷庞大,大都延续了豪放的"大主义"性质。

美国乡村装饰风格是以灯光的协调性和富于质感、款式不易被淘汰的家具来体现主人的品位。一般是先决定家具的款式和色彩,再选择相对的装饰方案。实木餐桌、餐边柜,款式简洁流畅,只用精致的漆花装点。碎花布面的椅子和布艺沙发,是典型的美国乡村风格家具。整套居室风格淡雅、柔和,没有很复杂的吊顶。

在居室内的沙发选择上,色彩上以清爽、柔软、舒服的感觉为主,并讲究平实的设计线条。美式沙发最大的魅力是让人坐在其中非常松软舒适,感觉像被温柔地环抱一般。另外,美式沙发并不特别强调成套成组的设计与摆放,更主张自由的搭配,主要强调配合个人喜好。

图 5-19　美国乡村装饰中的沙发选择

4.壁纸

壁纸也是典型的美式装修常用元素,作为高档美式室内装饰,壁纸体现了主人的品位与喜好,美国乡村风格的壁纸大多选择富有机理、质地天然的纸浆制品。

人们很喜欢在墙面上贴一些"表现欲"很强的壁纸,粉刷色彩饱满的涂料。涂料和壁纸的搭配使用,则使整个房间的空间立体感在无形中显著增强。与欧式家具相比,美式家具的油漆以单一色为主,其深层的颜色与刻意营造的斑驳墙面,可以让家居充满历史的气息。百叶窗也是一个经典特色,在简约中透露出优雅的气息。

5.花艺

美国乡村风格,另外一个特点是花卉装饰。花是美国乡村风格中极具代表性的元素,从床上用品到沙发、靠垫等各种纺织用品,凡带有大型或大面积花卉图案的装饰物都很有可能被美国家庭用来装饰"乡村"系列的家居,独有清新的乡间气息。

四、日本传统装饰风格

日本传统装饰风格,即和式装饰风格。13—14 世纪,日本佛教建筑继承了日本佛教寺庙、传统神社和中国唐代建筑的特点,采用歇山顶、深挑檐、架空地板、室外平台、横向木板壁外墙、桧树皮茸屋顶等组成建筑形态,外观轻快洒脱,形成了较为成熟的日本和式建筑。

(一)基本特征

日本传统装饰风格受和式建筑影响,并将佛教、禅宗的意念,以及茶道、日本文化融入室内设计中,讲究空间的流动与分隔,流动则为一室,分隔则分几个功能空间。设计中常用简洁、朴实的线条和色块来表现,壁面色彩在去芜存菁后"留白"。

在布局上,"和式"风格简洁,追求自然的装饰风格,给人以朴实无华,清新超脱之感。入口处常用格子推拉门与室外分隔,室内用榻榻米席地而坐或席地而卧,运用屏风、帘帷、竹帘等划分室内空间,白天放置书桌就成为客厅,放上茶具就成为茶室,晚上铺上寝具就成了卧室,由于和室建筑都是木质结构,又不加修饰,使整个环境显得简约、朴实,给人一种自然、清新、超脱的感觉。

图 5-20　日本传统软装风格的布局特点

在空间造型上,和式风格极为简洁,在设计上采用清晰的线条,而且在空间的划分中摒弃曲线,具有较强的几何感。装饰织物以平淡节制、清雅脱俗风格为主,强调人与自然的统一。在空间布局上力求形成"小、精、巧"的模式,利用檐、龛空间,创造特定的幽柔润泽的光影。

（二）软装特点

1. 色彩

日本是个岛国,四面环海,自然景观变化多端,森林资源十分丰富。因此,传统建筑均以木构为主,这对日本人的色彩感觉和审美情趣都带来了深刻的影响。普通日本民众,室内都偏重原木色,以及竹、藤等天然材料颜色,呈现自然风格。层次高一点的日本人,室内顶面材料喜欢采用深色的木纹顶纸饰面,墙面一般是白色粉刷,采用浅色素面暗纹壁纸饰面,使室内空间呈现出素淡、典雅、华贵的特色。有些人还采用一种颇有新意的竹席饰材进行吊顶,营造出自然、朴实的风格。

2.家具

和式家具品种很多,但富有特色的主要是榻榻米、床榻、矮几、矮柜、壁龛、暖炉台等。家具注重材料的天然质感,虽然比较矮小,但线条简洁、工艺精致,这与日本民族内敛、严谨的气质有关联。

图 5-21　矮几

暖炉台是另一种日本特色家具,这种台底下有炭火,台上面盖上毯子,大家可以一起把脚伸进台下取暖,平时作餐桌或茶几用,冬天作暖炉用。

3.纸艺

和式装饰中用福司玛、障子纸制作推、拉门及和式灯笼等饰物是其一大特色。推、拉门多用桧木制作,有用手绘的福司玛,也有木格绷障子纸。

　　福司玛也称浮世绘,一面是纸一面是棉布,布面有手工绘制的图案,作为制作推拉门的材质;障子纸是日本传统工艺制作的专用面材,一般用于格子门窗及和式纸灯,两面采用木纤维制成,营造一种朦胧的环境氛围。

图 5-22　用于门窗的障子纸

4. 饰物

　　和式装饰风格的饰物主要有:蒲团(日本式)、垫子、人偶、持刀武士、传统仕女画、扇形画、写意的日式插花、壁龛、灯笼等。

图 5-23　和式风格的饰物

很多室内都设有壁龛,专供奉佛像的壁龛称为佛龛,作为室内的视觉主体。和式内线条明晰、壁画纯净、横幅多为篆体书法或卷轴字画,充满日本传统的文化韵味。室内悬挂宫灯,用伞作造景,格调简朴而高雅。

五、地中海风格

地中海装饰风格主要是指沿欧洲地中海北岸,如西班牙、葡萄牙、法国、意大利、希腊一些国家南部沿海地区以及北非民居住宅。

(一)基本特征

地中海风格追求的是海边轻松随意,贴近自然的精神内涵。它在空间设计上多采用拱形元素和马蹄形的窗户来表现空间的通透性。在材质上多采用当地比较常见的自然材质,如木质家具、赤陶地砖、粗糙石块、马赛克、彩色石子等都是地中海风格中常见的装饰元素。

图 5-24 地中海风格的软装设计

（二）软装特点

1.色彩

由于地中海地区光照充足，所有颜色的饱和度很高，能够体现出色彩最绚烂的一面。因此房屋在色彩搭配上，典型的方式有三种。

（1）蓝色与白色的搭配

蓝色与白色是比较典型的地中海颜色组合。希腊白色的村庄、沙滩和碧海、蓝天连成一片，加上混合着贝壳、细沙的墙面，小鹅卵石地等，将蓝色与白色不同程度的对比与组合发挥得淋漓尽致。

图 5-25　蓝色与白色为主的客厅

（2）黄、蓝紫混合绿色的搭配

南意大利的向日葵、南法的薰衣草花田，金黄与蓝紫的花卉与绿叶相映，具有自然的美感。

（3）土黄与红褐色搭配

这种搭配是北非特有的沙漠、岩石、泥、沙等天然景观的颜色，再辅以北非土生植物的深红、靛蓝，加上铜黄，带来一种大地般的浩瀚感觉。

图 5-26　黄色、蓝紫与绿色的搭配

图 5-27　土黄与褐色的搭配

2. 家具与陈设

在空间中,元素的表达不能一味地堆砌,一定要有贯穿空间的设计灵魂。在确定了基本的空间形态之后,空间的元素也有明显的装饰特征。

图 5-28　素净而又不平淡的地中海风格

在装饰墙面上的小型盆栽也是地中海风格中较常用的植物装饰。

在地中海风格中,所有的附件装饰也是充满了乡村感觉,除了多采用铁艺的家具、铁艺的花架、铁艺的栏杆、铁艺的墙面装饰外,就连门或家具上的装饰也多是铁艺制品。马赛克的瓷砖图案多为伊斯兰风格,多用在墙面造型装饰、楼梯扶手和梯面装饰、桌面装饰、镜子边框装饰,甚至利用石膏将彩色的小石子、贝壳、海星等粘在墙面上做装饰。

地中海风格的形成反映出的是地中海地区特有的生活状态和闲散的生活方式,如图 5-29 所示,把厨房做成开放式结构,增加吧台作为厨房和餐厅的分隔部分,一组灯饰裸露着电线,随意不做作。餐厅的桌椅采用擦色做旧的木质材质,有岁月的斑驳感。棚顶上粗实、深色的木质房梁也是典型的地中海装饰,与白灰色带有粗糙纹理的墙面形成强烈的对比。

图 5-29　开放式结构的厨房设计

六、东南亚风格

（一）基本特征

东南亚属于热带地区，常年日照充足，温度较高，气候潮湿，当地的居民多喜欢户外活动。因为东南亚的雨水较多，建筑的屋顶多采用大坡顶的形式，便于排水。又因当地盛产木材，所以建筑材料多以木质为主。印度尼西亚的藤、马来西亚河道里的水草、泰国的木皮都散发着浓浓的自然气息。

近些年来，越来越多的人认为过于柔媚的东南亚风格不太适合在家居空间中表现，反而比较适合在酒吧、会所等强调情调的空间中使用。在现代的家居中，可以采用传统的东南亚装饰元素在空间中适量的装饰。如图 5-30 所示，在线条明朗、色彩干净的空间中，具有东南亚风情的一组纸灯奠定了空间的风格基调，保留了传统东南亚风格中惯用的木质装饰和家具，大小不一的陶艺装饰碗在墙面作点缀装饰，黑、红、灰三色碰撞，充满跳跃感。

图 5-30   东南亚风格软装中的自然元素

（二）软装特点

东南亚的家具设计也极具原汁原味的淳朴感，用简单的直线取代复杂的线条。在布艺的选择上，主要为丝质高贵的泰丝或棉麻布艺。

如图 5-31 所示，床单和被套采用白色的棉质品，手感舒适，抱枕则采用明度较低的泰丝面料，棉麻与泰丝，淳朴中带着质感。顶棚的造型则提炼了东南亚建筑中的造型元素，作简化处理。

图 5-31   东南亚软装设计中对于直线的应用

又如图 5-32 中,茶几别出心裁地采用白色的藤艺编织,既原始又时尚。椰壳制成的工艺装饰用在墙面点缀,含苞待放的鲜花随意地插在陶艺的花瓶中。

图 5-32　东南亚风格的软装设计

七、现代简约风格

（一）基本特征

现代主义建筑大师密斯·凡·德罗的名言"少就是多"是简约主义的中心思想。

简约主义强调的简约绝不是简单。简约是一种品位,是一种最直白的装饰语言;简单则是对复杂而言,是一种省事的方法和手段,二者有着本质的区别。

简约主义装饰风格的特色是将设计的元素、色彩、照明、原材料简化到最少的程度,在简约的空间中,通常以含蓄的方式达到以少胜多、以简胜繁的效果。

图 5-33　以少胜多的简约主义软装风格

简约主义的空间设计注重各空间的功能渗透,空间组织不只是房间的组合,而是注重空间的逻辑关系,更加体现出人性化的一面。主张在有限的空间发挥最大的使用效能,一切以实用性为主,摒弃多余的附加装饰,简约但不简单。在材质上的选择范围更加宽泛,不再仅仅局限于石、木、铁、藤等自然材质,更有金属、玻璃、塑料等新型的合成材料,在空间上将一些结构、甚至钢管暴露在空间中,体现了一种结构之美。

(二)软装特点

恰当的软装与家具相结合是简约主义风格的一大特色。简约主义强调功能性设计,设计要求简洁明快,线条利落流畅,色彩对比强烈。简约主义风格的家具通常线条简单,除了橱柜为简单的直线直角外,沙发、床架、桌子亦为直线,装饰元素较少。为了显示出家具的美感,简约主义风格主张沙发用靠垫、餐桌用餐桌布、床需用窗帘和床单陪衬。

简约主义风格的织物装饰,不是单纯简化,而是要求织物具有文化底蕴和现代气息,既要满足人的生理、心理需求,体现便捷的行为方式,又要给人们带来美好的视觉享受。

图 5-34　体现简约主义风格的香港芬名酒店

　　对室内陈设,简约主义提倡控制布艺、藤织品、小工艺品、手工艺品等温馨元素的体积和数量,保证居室出现的每一个装饰品都应该是"千锤百炼"的精品,体现深厚的渊源、内涵和寓意,使各种工艺品、装饰物融入室内整体环境,有显得比较醒目、讨巧。

图 5-35　简约主义风格中千锤百炼的装饰物

总之,软装既简约又到位,是现代简约主义风格装饰的关键。

第二节　室内空间的构图手法

　　室内空间的构图手法就是具有能被人们普遍接受的形式美准则——多样统一,即在统一中求变化,在变化中求统一。具体又可以分解成点线面结合、均衡与稳定、韵律与节奏、对比与微差、重点与一般、简洁与呼应等手法。

一、点线面结合

(一)点

　　空间中较小的形都可以称为点。

　　在室内软装设计中,点具有举足轻重的地位,发挥着不可替代的作用,如单独的点能够起到聚焦作用,成为室中心;对称组合的点给人以均衡感;连续而重复的点给人以节奏感和韵律感;不规则排列的点,则给人以方向感和方位感。

　　点在室内软装设计中以多种形式存在,如一盏灯、一盆花或一个靠垫。

图5-36　室内软装中的点

（二）线

线具有生长性、运动性和方向性。在室内软装设计中,长较宽大得多的构件都可以被视为线,如竖向或横向条纹的屏风、墙布、地毯,曲线造型的灯饰等。常见的线分为直线和曲线两种。

图 5-37　室内软装中的直线体现

图 5-38　室内软装中的曲线体现

（三）面

线的并列形成面,直线展开形成平面,曲线展开形成曲面。面又可以分为规则的面和不规则的面,规则的面具有和谐、规整和秩序的特点，不规则的面具有变化、生动和趣味的特点。

图 5-39　室内软装中规则的面

图 5-40　室内软装中不规则的面

二、稳定与均衡

　　自然界中的一切事物都具备均衡与稳定的条件,受这种实践经验的影响,人们在美学上也追求均衡与稳定的效果。这一原则运用于室内设计中,常涉及室内设计中、上、下之间的轻重关系的处理。在传统的概念中,上轻下重,上小下大的布置形式是达到稳定效果的常见方法。例如,在图 5-41 中,沙发、电视柜等大件物品均沿墙布置,墙面上仅挂了些装饰画或壁饰,这样的布置从整体上看基本达到了上轻下重的稳定效果。

图 5-41　构图稳定的起居室效果

　　均衡一般指的是室内构图中各要素左与右、前与后之间的联系。均衡常常可以通过完全对称、基本对称以及动态均衡的方法来取得。

　　例如,图 5-42 是崇政殿内景,采用了完全对称的处理手法,塑造出一种庄严肃穆的气氛,符合皇家建筑的要求。图 5-43 则为一会客厅内景,采用的是基本对称的布置方法。既可感到轴线的存在,同时又不乏活泼之感。图中装饰墙面、美术挂画、艺术饰件、绿化等组合成现代氛围的会客厅。

图 5-42　崇政殿内景

图 5-43　会客厅内景

　　在室内设计中,还有一种称之为"不对称的动态均衡手法"也较为常见,即通过左右、前后等方面的综合思考以求达到平衡的方法。这种方法往往能取得活泼自由的效果。例如,图 5-44 气氛轻松,适合现代生活要求。图 5-45 中仅在桌子上用了几件艺术观赏品,就取得了富有灵气的视觉效果,具有少而精的韵味。

图 5-44　不对称的动态均衡（1）

图 5-45　不对称的动态均衡（2）

三、韵律与节奏

现实生活中的许多事物或现象往往呈现有秩序的重复或变化，这也常常可以激发起人们的美感，造成一种韵律，形成节奏感。在室内设计中,韵律的表现形式很多,常见的有连续韵律、渐变韵律、起伏韵律与交错韵律,它们分别能产生不同的节奏感。

连续韵律往往给人以规整整齐的强烈印象。例如,图 5-46 中通过连续韵律的装饰排列而形成一种奇特的气氛。

图 5-46　具有连续韵律的装饰布置

渐变韵律能给人一种循序渐进的感觉或进而产生一定的空间导向性。例如,图 5-47 即为室内排列在一起的帘子所营造的渐变韵律,具有强烈的趣味感。

图 5-47　具有渐变韵律的帘子布置

交错韵律是指把连续重复的要素相互交织、穿插，从而产生一种忽隐忽现的效果。例如，图 5-48 中各种几何图形的排列构成了交错韵律，增添了室内的古典气息。

图 5-48　几何图形交错排列的等候厅

起伏韵律常常比较活泼而富有运动感。例如，图 5-49 为梵蒂冈博物馆的螺旋楼梯形成的起伏韵律颇有动感。

图 5-49　梵蒂冈博物馆的螺旋楼梯

四、对比与微差

对比是指要素之间的显著差异；微差则是指要素之间的微小差异。当然，这两者之间的界线也很难确定，不能用简单的公式加以说明。

　　对比与微差在室内设计中是十分常用的手法,两者缺一不可。对比可以借彼此之间的烘托来突出各自的特点以求得变化;微差则可以借相互之间的共同性而求得和谐。例如,图5-50中桌子、床与床头柜的风格对比,让整个卧室在对比中显得活泼而富有古典气息。

图 5-50　对比与微差之下的卧室

　　在室内设计中,还有一种情况也能归于对比与微差的范畴,即利用同一几何母题,虽然它们具有不同的质感大小,但由于具有相同母题,所以一般情况下仍能达到有机的统一。例如,图 5-51 中

图 5-51　加拿大多伦多的汤姆逊音乐厅

的加拿大多伦多的汤姆逊音乐厅设计就运用了大量的圆形母题，因此虽然在演奏厅上部设置了调节音质的各色吊挂，且它们之间的大小也不相同，但相同的母题，使整个室内空间保持了统一。

五、重点与一般

在室内设计中，重点与一般的关系很常见，较多的是运用轴线、体量、对称等手法而达到主次分明的效果。例如，图5-52为苏州网师园万卷堂内景，大厅采用对称的手法突出了墙面画轴、对联及艺术陈设，使之成为该厅堂的重点装饰。图5-53中的美国旧金山某酒店的中庭内，就布置了一个体量巨大的圣诞树，使之成该中庭空间的重点所在。

图 5-52　苏州网师园万卷堂内景

从心理学角度分析，人会对反复出现的外来刺激停止做出反应，这种现象在日常生活中十分普遍。例如，我们对日常的时钟走动声会置之不理，对家电设备的响声也会置之不顾。人的这些特征有助于人体健康，使我们免得事事操心，但从另一方面看，却加重了设计师的任务。在设计"趣味中心"时，必须强调其新奇性与刺激性。在具体设计中，常采用在形、色、质、尺度等方面与众不同、不落俗套的物体，以创造良好的景观。

图 5-53　美国旧金山某酒店的圣诞布置

例如，图 5-54 迪拜某购物中心的共享大厅，它内部纵横的廊桥、购物小台、郁郁葱葱的绿化，虽在室内宛若在大自然的庭院之中，非常吸引人们的注意。

图 5-54　迪拜某购物中心内景

又如，图 5-55 玩具反斗城，不同区域都有不同主题颜色，每个区都乐趣无穷，这样的玩具世界大大激发了孩子们的好奇心理，成了视觉的重点。

图 5-55　玩具反斗城

六、其他构图手法

（一）重复

1.单纯重复

单纯重复是指某一基本图形或线形只是有规律的简单的出现重复,这种重复会使图案产生单纯的节奏感,创造一种均一美。

单纯重复优势会让装饰显得呆板。因此,为了避免这种情况,可以让基本图形在方向上、或空间上、或色彩上稍有变化,但仍重复排列,以保留节奏感。

图 5-56　简单重复产生节奏美

2.变化重复

变化重复是指某一基本图形或线形不但是有规律的重复,而且在重复中有所变化,甚至是有情调的变化。如可以通过形体有规律的变换,或者通过色彩的调子来体现创作倾向,使软装体现出一种丰富多彩的韵律美。

图 5-57 变化重复显示典雅的气质

(二)简洁

在室内软装设计中,简洁就是要遵循"少而精"的原则,没有华丽的装饰和多余的附加物,而用干净、利落的线条、色彩或者几何构图,营造出舒适且具有现代感的空间造型。

图 5-58 少而精的软装设计

（三）呼应

在室内软装设计中，能够采用呼应手法的地方有很多，诸如顶棚与地面、墙面、桌面或与其他部位。呼应可以表现在多个方面，如色彩上、形体上、构图上、虚实上、气势上等。呼应手法属于均衡的形式美，能够让室内空间看起来和谐、统一。

图 5-59　沙发与装饰画在颜色上的呼应

第六章　室内软装设计的具体内容与实践

　　室内软装设计包含家具设计、照明设计、陈设与布艺设计、绿化设计等方面,每一种设计都要按照各自的不同特点来进行安排,才能形成完美的室内搭配效果。本章内容从室内软装的不同方面论述其实践应用方法。

第一节　家具设计

一、家具的类别表现

　　家具的类别根据不同的依据,具有不同的分类方法。

　　按基本功能划分,有以下几类:

　　(1)坐卧家具,如椅、凳、沙发、床、榻等。

　　(2)凭倚家具,如桌子、柜台、茶几、床头柜等。

　　(3)储物家具,主要指储存衣服、被褥、书刊、器皿、货物的壁柜、衣柜、书架、货架及各种隔板等。

　　(4)装饰家具,用来美化空间的,具有很强的装饰性,可称装饰类家具,如博古架与花几等。

　　按制作材料划分,则表现为:

　　(1)木制家具,材质轻,强度高,质感柔和,造型丰富,常用木材有柳桉、水曲柳、柚木、楠木、红木、花梨木等。

　　(2)藤、竹家具,具有质轻高强和质朴自然的特点,而且富有弹性和韧性,多为凳、椅、茶几甚至沙发、书架、屏风、隔断等。

（3）塑料家具，常见的有模压成型的硬质塑料家具，有挤压成型的管材、型材接合的家具，有由树脂与玻璃纤维配合生产的玻璃铟家具，还有软塑料充气、充水家具等。

（4）金属家具，包括全金属家具以及金属框架与玻璃或木板构成的家具，实用、简练，适合大批量生产。

（5）软垫家具，主要指带软垫的床、沙发和沙发椅。

按家具组成，可划分为：

（1）框式家具，传统木家具多数属于框架式，其坚固耐久，适合于桌、椅、床、柜等各式家具，并有固定、装拆的区别。框式家具常有木框及金属框架等。

（2）板式家具，板式家具主要用板式材料进行拼装和承受荷载，常以胶合或金属连接件等方法，视不同材料而定，板材多为细木板和人造板。其结构简单、节约材料、组合灵活、外观简洁、造型新颖、富有时代感。

（3）折叠家具，特点是用时打开，不用时收拢，体积小，占地少，移动、堆积、运输极方便。柜架类常用于家庭，桌椅类常用于会议室、餐厅和观览厅。

（4）拆装家具，指从结构设计上提供了更简便的拆装机会，甚至可以在拆后放到皮箱或纸箱携带和运输的家具。其形式简单，可以变化为很多不同的造型。

（5）支架家具，支架家具主要由木或金属支架，柜橱或隔板这两部分组成。可悬挂在墙、柱上，也可支撑在地面上，其特点是轻巧活泼，制作简便，占地面积少，多用于客厅、卧室、书房、厨房等。

（6）充气家具，主体是聚氨基甲酸乙酯泡沫和密封气体组成的一个不漏气胶囊，大大简化了工艺过程、减轻了重量，并给人以透明、新颖的印象。充气家具目前还只限用于床、椅、沙发等。

（7）注塑家具，采用硬质和发泡塑料，用模具浇筑成型的塑料家具，整体性强，是一种特殊的空间结构。其特点为质轻、光洁、色彩丰富、成型自由、成本低，易于清洁和管理，主要在餐厅、车站、机场中广泛应用。

按照构造体系,其类别有:单体家具、组合家具、配套家具和固定家具。

二、家具的布置与设计

(一)合理的位置

陈设格局即家具布置的结构形式。格局问题的实质是构图问题。总的说来,陈设格局分规则和不大规则两大类,规则式多表现为对称式。有明显的轴线,特点是严肃和庄重,因此,常用于会议厅、接待室和宴会厅,主要家具成圆形、方形、矩形或马蹄形。[①] 不规则式的特点是不对称,没有明显的轴线,气氛自由、活泼、富于变化,因此,常用于休息室、起居室、活动室等。这种格局在现代建筑中最常见,因为它随和、新颖,更适合现代生活的要求。不论采取哪种格局,家具布置都应符合有散有聚、有主有次的原则。一般地说,空间小时,宜聚不宜散;空间大时,宜适当分散。

图 6-1　家具的对称摆放

[①] 我国传统建筑中,对称布局最常见,以民居的堂屋为例,大都以八仙桌为中心,对称加置坐椅,连墙上的中堂对联、桌子上的陈设也是对称的。

室内空间的位置环境各不相同,在位置上有靠近出入口的地带、室内中心地带、沿墙地带或靠窗地带,以及室内后部地带等区别,各个位置的环境如采光效率、交通影响、室外景观各不相同。应结合使用要求,使不同家具的位置在室内各得其所。

(二)家具的数量

室内家具的数量,要根据不同性质的空间的使用要求和空间的面积大小来决定,在诸如教室、观众厅等空间内,家具的多少是严格按学生和观众的数量决定的,家具尺寸、行距、排距都有明确的规定。在一般房间如卧室、客房、门厅中,则应适当控制家具的类型和数量,在满足基本功能要求的前提下,充分考虑容纳人数和空间活动的舒适度,尽量留出较多的空间,以免给人留下拥挤不堪、杂乱无章的印象。

(三)家具的布置形式和方法

家具的布置形式和方法,可见表 6-1。

表 6-1　家具的布置形式和方法

依据	形式	图示	方法
家具在空间中的位置	周边式		沿四周墙布置,留出中间空间位置,空间相对集中,易于组织交通

依据	形式	图示	方法
家具在空间中的位置	岛式		将家具布置在室内中心部位，留出周边空间，强调家具的中心地位
	走道式		将家具布置在室内二侧，中间留出走道。适合于人数少的客房布置
	单边式		将家具集中在一边，留出另一边走道，工作区与交通区截然分开
家具的布置格局	对称式		用于隆重、正规的场合

依据	形式	图示	方法
家具的布置格局	非对称式		用于轻松、非正规的场合
	分散式		常适合于功能多样、家具品类较多、房间面积较大的场合
	集中式		常适合于功能比较单一、家具品类不多、房间面积较小的场合

续表

依据	形式	图示	方法
家具布置与墙面的关系	靠墙布置		充分利用墙面，使室内留出更多的空间
	垂直于墙面布置		考虑采光方向与工作面的关系，起到分隔空间的作用
	临空布置		用于较大的空间，形成空间中的空间

第二节 照明设计

一、室内照明设计的要素——灯饰

灯饰是指用于照明和室内装饰的灯具。从定义上可以看出室内灯饰的两大功能,即照明和室内装饰。照明是利用自然光和人工照明帮助人们满足空间的照明需求、创造良好的可见度和舒适愉快的空间环境。室内灯饰设计是指针对室内灯具进行的样式设计和搭配。室内灯具是分配和改变光源分布的器具,也是美化室内环境不可或缺的陈设品。

(一)特征及应用:室内灯饰的类别

1.吸顶灯

吸顶灯是一种通常安装在房间内部的天花板上,光线向上射,通过天花板的反射对室内进行间接照明的灯具。吸顶灯的光源有普通白炽灯,荧光灯、高强度气体放电灯、卤钨灯等,如图 6-2 所示。①

吸顶灯主要用于卧室、过道、走廊、阳台、厕所等地方,适合作整体照明用。

吸顶灯灯罩一般有乳白玻璃和 PS(聚苯乙烯)板两种材质。吸顶灯的外形多种多样,有长方形、正方形、圆形、球形、圆柱形等,主要采用自炽灯、节能灯。其特点是比较大众化,而且经济实惠。吸顶灯安装简易,款式简单大方,能够赋予空间清朗明快的感觉(图 6-3)。

---

① 随着装饰装修的不断升温,吸顶灯的变化也日新月异,不再局限于从前的单灯,而向着多样化发展,既吸取了吊灯的豪华与气派,又采用了吸顶式的安装方式,避免了较矮的房间不能装大型豪华灯饰的缺陷。

图 6-2 普通吸顶灯   图 6-3 美式吸顶灯

另外,吸顶灯有带遥控和不带遥控两种,带遥控的吸顶灯开关方便,适用于卧室中。

2.吊灯

吊灯是最常采用的直接照明灯具,因其明亮、气派常装在客厅、接待室、餐厅、贵宾室等空间里。吊灯一般都有乳白色的灯罩。灯罩有两种,一种是灯口向下的,灯光可以直接照射室内,光线明亮;另一种是灯口向上的,灯光投射到顶棚再反射到室内,光线柔和,如图 6-4 和图 6-5 所示。

图 6-4 黄色水晶吊灯   图 6-5 白色水晶吊灯

吊灯可分为有单头吊灯(图 6-6)和多头吊灯(图 6-7)。在室内软装设计中,厨房和餐厅多选用单头吊,客厅多选用多头吊灯。

图 6-6　单头吊灯　　　　　　　图 6-7　多头吊灯

吊灯通常以花卉造型较为常见,颜色种类也较多。吊灯的安装高度应根据空间属性而有所不同,公共空间相对开阔,其最低点应离地面一般不应小于 2.5 米,居住空间不能少于 2.2 米。

吊灯的选用要领主要体现在以下几个方面。

(1)安装节能灯光源的吊灯,不仅可以节约用电,还可以有助于保护视力(节能灯的光线比较适合人的眼睛)。另外,尽量不要选用有电镀层的吊灯,因为电镀层时间久了容易掉色。

(2)由于吊灯的灯头较多,通常情况下,带分控开关的吊灯在不需要的时候,可以局部点亮,以节约能源与支出。

(3)一般住宅通常选用简洁式的吊灯;复式住宅则通常选用豪华吊灯,如水晶吊灯。

3.射灯

射灯主要用于制造效果,点缀气氛,它能根据室内照明的要求。灵活调整照射的角度和强度,突出室内的局部特征,因此多用于现代流派照明中(图 6-8)。

射灯的颜色有纯白、米色、黑色等多种。射灯外形有长形、圆形,规格、尺寸、大小不一。因为射灯造型玲珑小巧,非常具有装饰性。所以,一般多以组合形式置于装饰性较强的地方,从细节中体现主人的精致生活和情趣。

射灯光线柔和,既可对整体照明起主导作用,又可局部采光,烘托气氛。

图 6-8　射灯

4.落地灯

　　落地灯是一种放置于地面上的灯具,其作用是用来满足房间局部照明和点缀装饰家庭环境的需求。落地灯一般布置在客厅和休息区域里,与沙发、茶几配合使用。落地灯除了可以照明,也可以制造特殊的光影效果。一般情况下,灯泡瓦数不宜过大,这样的光线更便于创造出柔和的室内环境。

　　落地灯常用作局部照明,强调移动的便利,对于角落气氛的营造十分实用,如图 6-9 所示。

图 6-9　落地灯

落地灯通常分为上照式落地灯(图 6-10)和直照式落地灯(图 6-11)。

图 6-10　上照式落地灯

图 6-11　直照式落地灯

5.筒灯

筒灯是一种嵌入顶棚内、光线下射式的照明灯具,如图 6-12 所示。筒灯一般装设在卧室、客厅、卫生间的周边顶棚上。它的最大特点就是能保持建筑装饰的整体与统一,不会因为灯具的设置而破坏吊顶艺术的完美统一。

图 6-12　筒灯

6.台灯

台灯是日常生活中用来照明的一种家用电器,多用于床头、写字台等处。台灯一般应用于卧室以及工作场所,以解决局部照明。绝大多数台灯都可以调节其亮度,以满足工作、阅读的需要。台灯的最大特点是移动便利。

　　台灯分为工艺用台灯(装饰性较强)和书写用台灯(重在实用)。在选择台灯的时候,要考虑选择台灯的目的是什么。

　　选择台灯主要看电子配件质量和制作工艺,一般小厂家生产的台灯电子配件质量较差,制作工艺水平也相对较低,所以应尽量选择知名厂家生产的台灯。一般情况下,客厅、卧室多用装饰台灯,如图 6-13 所示,而工作台、学习台则用节能护眼台灯(图6-14),但节能灯的缺点是不能调整光的亮度。

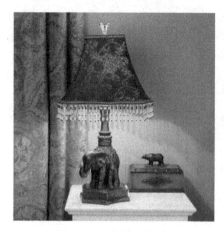
图 6-13　工艺用台灯

图 6-14　复古书写台灯

7. 壁灯

　　壁灯是室内装饰常用的灯具之一,一般多配以浅色的玻璃灯罩,光线淡雅和谐,可把环境点缀得优雅、富丽、柔和,倍显温馨,尤其适用于卧室,如图 6-15 所示。壁灯一般用作辅助性的照明及装饰,大多安装在床头、门厅、过道等处的墙壁或柱子上。

　　壁灯的安装高度一般应略超过视平线 1.8m 高左右。卧室的壁灯距离地面可以近些,大约在 1.4~1.7m。壁灯的照度不宜过大,以增加感染力。

　　壁灯不是作为室内的主光源来使用的,其造型要根据整体风格来定,灯罩的色彩选择应根据墙色而定,如白色或奶黄色的墙,宜用浅绿、淡蓝的灯罩;湖绿和天蓝色的墙,宜用乳白色、淡黄色的灯罩。在大面积一色的底色墙布上点缀一只显目的壁灯,能给人幽雅清新之感。另外,要根据空间特点选择不同类型的壁灯。例如,小空间宜用单头壁灯;较大空间就用双头壁灯;大空间应该选厚一些的壁灯。

图 6-15　壁灯

（二）室内灯饰的风格表达与比较

室内灯饰风格是指室内灯饰在造型、材质和色彩上呈现出来的独特的艺术特征和品格。室内灯饰的风格主要有以下几类。

1. 欧式

欧式风格的室内灯饰强调以华丽的装饰、浓烈的色彩和精美的造型达到雍容华贵的装饰效果。其常使用镀金、铜和铸铁等材料,显现出金碧辉煌的感觉,如图 6-16 所示。

图 6-16　欧式风格的室内灯饰

2.中式

中式风格的室内灯饰造型工整，色彩稳重，多以镂空雕刻的木材为主要材料，营造出室内温馨、柔和、庄重和典雅的氛围，如图 6-17 和图 6-18 所示。

图 6-17　中式室内灯饰（1）　　　图 6-18　中式室内灯饰（2）

3.现代风格

现代风格的室内灯饰造型简约、时尚，材质一般采用具有金属质感的铝材、不锈钢或玻璃，色彩丰富，适合与现代简约型的室内装饰风格相搭配。如图 6-19 所示。

图 6-19　现代风格的室内灯饰

4. 田园风格

田园风格的室内灯饰倡导"回归自然"的理念,美学上推崇"自然美",力求表现出悠闲、舒畅、自然的田园生活情趣。在田园风格里,粗糙和破损是允许的,因为只有这样才更接近自然。田园风格的用料常采用陶、木、石、藤、竹等天然材料,这些材料粗犷的质感正好与田园风格不饰雕琢的追求相契合,显现出自然、简朴、雅致的效果。如图 6-20 所示。

图 6-20　田园风格的室内灯饰

(三)室内灯饰照明设计的原则

1. 主次之分

室内灯饰在设计时应注意主次关系的表达。因为室内灯饰是依托室内整体空间和室内家具而存在的,室内空间中各界面的处理效果,室内家具的大小、样式和色彩,都对室内灯饰的搭配产生影响。为体现室内灯饰的照射和反射效果,在室内界面和家具材料的选择上可以尽量选用一些具有抛光效果的材料,如抛光砖、大理石、玻璃和不锈钢等。

室内灯饰设计时还应充分考虑灯饰的大小、比例、造型样式、色彩和材质对室内空间效果造成的影响,如在方正的室内空间中可以选择圆形或曲线形的灯饰,使空间更具动感和活力;在较大的宴会空间,可以利用连排的、成组的吊灯,形成强烈的视觉冲击,增强空间的节奏感和韵律感。

2.体现文化品位

室内灯饰在装饰时需要注意体现民族和地方文化特色。许多中式风格的空间常用中国传统的灯笼、灯罩和木制吊灯来体现中国特有的文化传承;一些泰式风格的度假酒店,也选用东南亚特制的竹编和藤编灯饰来装饰室内,给人以自然、休闲的感觉。

3.风格相互协调

室内灯饰搭配时应注意灯饰的格调要与室内的整体环境相协调。如中式风格室内要配置中式风格的灯饰,欧式风格的室内要配置欧式风格的灯饰,切不可张冠李戴,混杂无序。图 6-21 所示为室内灯饰装饰效果图。

图 6-21　室内灯饰装饰效果图

二、不同空间的室内照明设计和语言表达

（一）商业空间的照明设计

商业空间在功能上是以盈利为目的的空间，充足的光线对商品的销售十分有利。在整体照明的基础上，要辅以局部重点照明，提升商品的注目性，营造优雅的商业环境。

在商业空间照明设计中，店面和橱窗能够给客人第一印象，其光线设计一定要醒目、特别，吸引人的注意。

商场的内部照明要与商品形象紧密结合，通过重点照明突出商品的造型、款式、色彩和美感，刺激客户的购买欲望。

图 6-22 为关永权东京半岛酒店的灯光设计。关永权（Tino Kwan），亚洲首位华人照明设计师，在灯光设计界地位举足轻重，多个 projects 更曾获得国际及本地设计大奖，早已扬名国际。东京半岛酒店是六星级的酒店，其人性化的设计给予了人们最大化的便利，其灯光设计可见图 6-22—图 6-25。

图 6-22 东京半岛酒店灯光（1）

图 6-23 东京半岛酒店灯光（2）

图 6-24　东京半岛酒店灯光（3）

图 6-25　东京半岛酒店灯光（4）

　　餐饮空间为增进食欲，主光源照明要明亮，以显现出食物的新鲜感。此外，为营造优雅的就餐环境，还应辅以间接照明和点缀光源。

（二）办公空间的照明设计和语言表达

　　办公空间根据其功能需求，采光量要充足，应尽量选择靠窗和朝向好的空间，保证自然光的供应。为防止日光辐射和眩光，可用遮阳百叶窗来控制光量和角度。办公空间在人造光照明设计时较理性,光线分布应尽可能均匀,明暗差别不能过大。在光照不到的地方配合局部照明,如走廊、洗手间、内侧房间等。夜晚照明则以直接照明为主,较少点缀光源。

图6-26 办公室灯光设计

(三)娱乐休闲空间的照明设计和语言表达

娱乐休闲空间是人们在工作之余放松身心、交流情感的场所,在照明设计上以夜间照明为主,灯光效果十分丰富,一些特定的娱乐休闲空间还必须体现空间的主题,如一些酒吧设计中,以怀旧为主题,可以使用很多木、竹、石等自然材料配合黄色灯光;为体现对工业时代的怀念,可以使用烙铁、槽钢、管道等工业时代的产品配合浅咖啡色和黄色灯光。酒吧的照明设计以局部照明、间接照明为主,在灯具的选择上尽量以高照度的射灯、暗藏灯管来进行照明,在光色的选择上还必须与空间的主题相呼应。

舞厅可分为迪斯科(劲舞)厅和交谊舞(慢舞)厅两类。舞池的灯光最能使人感觉到光和色彩的迷人魅力,特别是配合着音乐歌声、旋律和节奏变幻的灯光更使人迷离和陶醉。

舞厅的照明设计对光线的要求较高,在灯光的设计上,首先要有定向的灯光,达到追身的效果,定向灯光常使用聚光灯,可在聚光灯上安置色片,丰富其色彩。其次,为营造出舞厅光怪陆离、灯光璀璨的气氛,在舞池区域应配备彩色聚光灯、水晶环绕灯、激光束灯、暗藏背景灯等多种灯具,以达到舞厅的功能需求。

卡拉 OK 厅是群众自娱自乐的空间,灯光的设计主要考虑整体环境气氛的营造,应给人以轻松自如、温馨浪漫的感觉,故间接照明、暗藏光使用较多。

图 6-27　卡拉 OK 厅

(四)居住空间的照明设计

家居空间照明设计应根据不同设计风格和不同的空间功能需求来进行设计。客厅和餐厅是家居空间内的公共活动区域,因此要足够明亮,采光主要通过吊灯和吊顶的筒灯,为营造舒适、柔和的视听和就餐环境,还可以配置落地灯和壁灯,或设置暗藏光,使光线的层次更加丰富。

图 6-28　客厅灯光设计

卧室空间是休息的场所，照明以间接照明为主，避免光线直射，可在顶部设置吸顶灯，并配合暗藏灯、落地灯、台灯和壁灯，营造出宁静、平和的空间氛围。

书房是学习、工作和阅读的场所，光线要明亮，可使用白炽灯管为主要照明器具。此外，为使学习和工作时能集中精神，台灯是书桌上的首选灯具。卫生间的照明设计应以明亮、柔和为主，灯具应注意防湿和防锈。

第三节　陈设与布艺设计

一、室内陈设设计

室内陈设是指室内的摆放，是用来营造室内气氛和传达精神功能的物品。随着人们生活水平的提高和审美提高，人们越来越注重室内陈设品装饰的重要性。

（一）室内陈设的两种类别

1.功能性陈设

功能性陈设主要包括餐具、茶具和生活用品等。

（1）餐具

餐具是指就餐时所使用的器皿和用具。主要分为中式和西式两大类：中式餐具包括碗、碟、盘、勺、筷、匙、杯等，材料以陶瓷、金属和木制为主；西式餐具包括刀、叉、匙、盘、碟、杯、餐巾、烛台等，材料以铜、金、银、陶瓷为主。

餐具是餐厅的重要陈设品，其风格要与餐厅的整体设计风格相协调，更要衬托主人的身份、地位、审美品位和生活习惯。一套形式美观且工艺考究的餐具还可以调节人们进餐时的心情，增加食欲。餐具设计如图 6-29 和图 6-30 所示。

图 6-29　餐具设计（1）　　　　　图 6-30　餐具设计（2）

（2）茶具

茶具亦称茶器或茗器，是指饮茶用的器具，包括茶台、茶壶、茶杯和茶勺等。其主要材料为陶和瓷，代表性的有江苏宜兴的紫砂茶具、江西景德镇的瓷器茶具等。

紫砂茶具（图 6-31 和图 6-32）由陶器发展而成，是一种新质陶器。江苏宜兴的紫砂茶具是用江苏宜兴南部埋藏的一种特殊陶土，即紫金泥烧制而成的。这种陶土含铁量大，有良好的可塑性，色泽呈现古铜色和淡墨色，符合中国传统的含蓄、内敛的审美要求，从古至今一直受到品茶人的钟爱。其茶具风格多样，造型多变，富含文化品位。同时，这种茶具的质地也非常适合泡茶，具有"泡茶不走味，贮茶不变色，盛暑不易馊"三大特点。

图 6-31　紫砂茶具陈设设计（1）

图 6-32　紫砂茶具陈设设计（2）

瓷器（图 6-33 和图 6-34）是中国文明的一面旗帜。中国茶具最早以陶器为主，瓷器发明之后，陶质茶具就逐渐为瓷质茶具所代替。瓷器茶具又可分为白瓷茶具、青瓷茶具和黑瓷茶具等。瓷器之美，让品茶者享受到整个品茶活动的意境美。瓷器本身就是一种艺术，是火与泥相交融的艺术，这种艺术在品茶的意境之中给欣赏者更有效的欣赏空间和欣赏心情。瓷器茶具中的青花瓷茶具，清新典雅，造型精巧，胎质细腻，釉色纯净，体现出了中国传统文化的精髓。

（3）生活用品

生活日用品是指人们日常生活中使用的产品，如水杯、镜子、牙刷、开瓶器等。其不仅具有实用功能，还可以为日常生活增添几分生机和情趣。图 6-35 和图 6-36 为生活用品装饰设计。

图 6-33 瓷器茶具陈设（1）

图 6-34 瓷器茶具陈设（2）

图 6-35 水杯陈设

图 6-36 牙刷陈设

其中镜子晶莹剔透又宜于切割成各种形式，同时，不同材质的镜子有不同的反光效果，习惯被用于各种室内软装饰中。在现代风格和欧式风格中，常在背景墙、顶棚等位置使用印花、覆膜镜在延伸空间；在古典欧式风格中，常采用茶色或深色的菱形镜面来装饰；在其他风格中，根据风格和空间的主体色调，也可采用木质镜框和铁艺镜框的镜子装饰空间。图 6-37 所示为卫生间中常用的普通镜子，使墙面更亮丽；图 6-38，茶色的镜子用作墙面装饰，极具时尚感。

图 6-37 卫生间镜子

图 6-38 茶色墙面镜子

2.装饰性陈设

装饰性陈设品指本身没有实用性,是一种纯粹作为观赏的装饰品,包括装饰画、书法、摄影等艺术作品,以及陶瓷、雕塑、漆器、剪纸、布贴等工艺品,它们都具有很高的观赏价值,能丰富视觉效果,营造室内环境的文化氛围。

(1)装饰画

随着人们对空间审美情趣的提高,装饰画作为墙面的重要装饰,能够结合空间风格,营造出各种符合人们情感的环境氛围。许多家庭在处理空白的墙面时,都喜欢挂装饰画来修饰。不同的装饰画不仅可以体现主人的文化修养;不同的边框装饰和材质,也能影响整个空间的视觉感官。

目前市场上的装饰画,有着各种形式和类别,常见的有油画、摄影画、挂毯画、木雕画、剪纸画等,其表现的题材和内容、风格各异。例如,热情奔放类型的装饰画,颜色鲜艳,较适合在婚房装饰;古典油画系列的装饰画,题材多为风景、人物和静物,适宜于欧式风格装修,或喜好西方文化的人士;摄影画的视野开阔、画面清晰明朗,一般在现代风格的家居中摆放,可增强房间的时尚感和现代感。比如图6-39,小幅挂画对称悬挂,较大的可单独悬挂,与桌面上的装饰品相互搭配,形成良好的装饰效果。在图6-40中,装饰画置于书架搁架之中,起到装饰的作用。

图 6-39 小幅挂画

图 6-40 书架中的装饰画

采用平面形式的装饰画,对称悬挂,题材相似却又有区分,与背景花色相得益彰,如图 6-41 所示。

图 6-41 对称悬挂的装饰画

在中式风格的家中,则常采用水墨字画,或豪迈狂放,或生动逼真,无论是随意置于桌上,还是悬挂于墙上,都将时尚大气的格调展露无遗,如图 6-42 和图 6-43 所示。

图 6-42　中国字画的陈设　　图 6-43　悬挂于墙上的中国字画

　　室内装饰画可以用点缀色打破室内色彩的单调，增添趣味，如沉闷的室内色调可用色彩艳丽的色调作品点缀，活泼的室内色调可通过沉稳的色彩画面来调和，一切根据具体环境来定。此外，画幅尺寸、数量是必须考虑的问题。一般来讲，大空间的装饰画面积应大，小空间的装饰画面积应小。然而，在大空间里，人的流动路线与装饰画很近时，装饰画就不宜过大；而在小空间里，人的流动路线与装饰画很远时，装饰画又不宜过小。根据室内空间形态的需要，装饰画的形状可以是规则形，也可以是与特殊空间形态协调的特殊形。装饰绘画的组合方式分对称式、均衡式、自由式、对比式四种。装框与装裱的方式又分有框和无框两种。

　　（2）装饰工艺品

　　在室内家居软装上，还需要通过一些小小的工艺品陈设来点缀，以增加品位和涵养。工艺品的选择，往往要花费很多心思。

　　例如，图 6-44 书房的书桌上，通过铜质的地球仪、皮质笔记本以及钢笔和咖啡杯子来增加惬意、文化气氛。

再如图 6-45 所示的中式博古架,通过中式陶艺饰品、陶马、瓷杯饰物等的陈设布置,显示出了主人的品位。

图 6-44　书房书桌上的陈设设计

图 6-45　中式博古架陈设

（二）室内陈设的布置设计

1.桌面摆设

桌面摆设包括不同类型和情况,如办公桌、餐桌、茶几、会议桌以及略低于桌高的靠墙或沿窗布置的储藏柜和组合柜等。桌面摆设一般均选择小巧精致、宜于微观欣赏的材质制品,并可按时即兴灵活更换。桌面摆设可见图 6-46。

图 6-46　桌面陈设

2.墙面与路面陈设

墙面陈设一般以平面艺术为主,也常见将立体陈设品放在壁柜中,如花卉、雕塑等,并配以灯光照明,也可在路面设置悬挑轻型搁架以存放陈设品。路面上布置的陈设常和家具发生上下对应关系,可以是正规的,也可以是较为自由活泼的形式,可采取垂直或水平伸展的构图,组成完整的视觉效果。

3.落地陈设

雕塑、瓷瓶、绿化等大型的装饰品,常落地布置,布置在大厅中央的常成为视觉的中心,也可放置在厅室的角隅、墙边或出入口旁、走道尽端等位置,作为重点装饰,或起到视觉上的引导作用和对景作用,见图 6-48。

图 6-47　墙面陈设

图 6-48　落地陈设

4.悬挂陈设

空间高大的厅室,常采用悬挂各种装饰品,如织物、绿化、抽象金属雕塑、吊灯等,弥补空间空旷的不足,并有一定的吸声或扩散的效果,居室也常利用角落悬挂灯具、绿化或其他装饰品,既不占面积又装饰了枯燥的墙边角隅,见图 6-49。

图 6-49　悬挂织物陈设

5.橱柜陈设

数量大、品种多、形色多样的小陈设品,最宜采用分格分层的隔板、博古架,或特制的装饰柜架进行陈列展示,这样可以达到多而不繁、杂而不乱的效果,见图 6-50。

图 6-50　橱柜陈设

二、室内布艺设计

室内布艺是指以布为主要材料,经过艺术加工达到一定的艺术效果与使用条件,满足人们生活需求的纺织类产品。室内布艺包括窗帘、地毯、枕套、床罩、椅垫、靠垫、沙发套、台布、壁布等。其主要作用是既可以防尘、吸音和隔音,又可以柔化室内空间,营造出室内温馨、浪漫的情调。室内布艺设计是指针对室内布艺进行的样式设计和搭配。

图 6-51　室内布艺设计

(一)室内布艺的特征表达

1. 风格各异

室内布艺的风格各异,主要有欧式、中式、现代和田园几种代表风格。其样式也随着不同的风格呈现出不同的特点。例如欧式风格的布艺手工精美,图案繁复,常用棉、丝等材料,金、银、金黄等色彩,显得奢华、华丽,显示出高贵的品质和典雅的气度;田园风格的布艺讲究自然主义的设计理念,将大自然中的植物和动物形象应用到图案设计中,体现出清新、甜美的视觉效果。

2.装饰效果突出

室内布艺可以根据室内空间的审美需要随时更换和变换,其色彩和样式具有多种组合,也赋予了室内空间更多的变化。如在一些酒吧和咖啡厅的设计中,利用布艺做成天幕,软化室内天花板,柔化室内灯光,营造温馨、浪漫的情调;在一些楼盘售楼部的设计中,利用金色的布艺包裹室内外景观植物的根部,营造出富丽堂皇的视觉效果。

3.方便清洁

室内布艺产品不仅美观、实用,而且要便于清洗和更换。如室内窗帘不仅具有装饰作用,而且还可以弱化噪声,柔化光线的作用;室内地毯既可以吸收噪声,又可以软化地面质感。此外,室内布艺还具有较好的防尘作用,可以随时清洗和更换。

(二)类别分析及应用

室内布艺设计可以分为以下几类。[①]

1.窗帘

窗帘具有遮蔽阳光、隔声和调节温度的作用。窗帘应根据不同空间的特点及光线照射情况来选择。采光不好的空间可用轻质、透明的纱帘,以增加室内光感;光线照射强烈的空间可用厚实、不透明的绒布窗帘,以减弱室内光照。隔声的窗帘多用厚重的织物来制作,折皱要多,这样隔声效果更好。窗帘的材料主要有纱、棉布、丝绸、呢绒等。

窗帘的款式主要有以下几类。

(1)拉褶帘:用一个四叉的铁钩吊着缝在窗帘的封边条上,造

---

① 室内布艺从使用角度上,可分为功能性布艺(如地毯、窗帘、靠枕和床上用品等)和装饰性布艺(如挂毯、布艺装饰品等)。

成2～4褶的形式的窗帘。可用单幅或双幅,是家庭中常用的样式(图6-52)。

(2)卷帘:是一种帘身平直,由可转动的帘杆将帘身收放的窗帘。其以竹编和藤编为主,具有浓郁的乡土风情和人文气息(图6-53)。

图6-52　拉褶帘

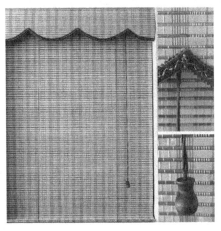

图6-53　卷帘

(3)拉杆式帘:是一种帘头圈在帘杆上拉动的窗帘。其帘身与拉褶帘相似,但帘杆、帘头和帘杆圈的装饰效果更佳。

(4)水波帘:是一种卷起时呈现水波状的窗帘,具有古典、浪漫的情调,在西式咖啡厅广泛采用(图6-54)。

(7)罗马帘:是一种层层叠起的窗帘,因出自古罗马,故而得名罗马帘。其特点是具有独特的美感和装饰效果,层次感强,有极好的隐蔽性(图6-55)。

(5)垂直帘:是一种安装在过道,用于局部间隔的窗帘。其主要材料有水晶、玻璃、棉线和铁艺等,具有较强的装饰效果,在一些特色餐厅广泛使用(图6-56)。

(6)百叶帘:是一种通透、灵活的窗帘,可用拉绳调整角度及上落,广泛应用于办公空间(图6-57)。

图 6-54 水波帘

图 6-55 罗马帘

图 6-56 垂直帘

图 6-57 百叶帘

2. 地毯

地毯是室内铺设类布艺制品,不仅可以增强艺术美感,还可以吸收噪声,创造安静的室内气氛。此外,地毯还可使空间产生集合感,使室内空间更加整体、紧凑。地毯主要分为以下几类。

(1)纯毛地毯。纯毛地毯抗静电性很好,隔热性强,不易老化、磨损、褪色,是高档的地面装饰材料。纯毛地毯多用于高级住宅、酒店和会所的装饰,价格较贵,可使室内空间呈现出华贵、典雅的气氛。它是一种采用动物的毛发制成的地毯,如纯羊毛地毯。其不足之是抗潮湿性较差,而且容易发霉。所以,使用纯毛地毯的空间要保持通风和干燥,而且要经常进行清洁。

图6-58 纯毛地毯

(2)合成纤维地毯。合成纤维地毯(图6-59和图6-60)是一种以丙纶和腈纶纤维为原料,经机织制成面层,再与麻布底层溶合在一起制成的地毯。纤维地毯经济实用,具有防燃、防虫蛀、防污的特点,易于清洗和维护,而且质量轻、铺设简便。与纯毛地毯相比缺少弹性和抗静电性能,且易吸灰尘,质感、保温性能较差。

图6-59 合成纤维地毯(1)

图6-60 合成纤维地毯(2)

(3)混纺地毯。混纺地毯是一种在纯毛地毯纤维中加入一定比例的化学纤维制成的地毯。这种地毯在图案、色泽和质地等方面与纯毛地毯差别不大,装饰效果好,且克服了纯毛地毯不耐虫蛀的缺点,同时提高了地毯的耐磨性,有吸音、保温、弹性好、脚感好等特点。

图 6-61　混纺地毯(1)　　　　图 6-62　混纺地毯(2)

(4)塑料地毯。塑料地毯是一种质地较轻、手感硬、易老化的地毯。其色泽鲜艳,耐湿、耐腐蚀性、易清洗,阻燃性好,价格低。

3.靠枕

靠枕是沙发和床的附件,可调节人的座、卧、靠姿势。靠枕的形状以方形和圆形为主,多用棉、麻、丝和化纤等材料,采用提花、印花和编织等制作手法,图案自由活泼,装饰性强。靠枕的布置应根据沙发的样式来进行选择,一般素色的沙发用艳色的靠枕,而艳色的沙发则用素色的靠枕。靠枕主要有以下几类。

(1)方形靠枕。方形靠枕的样式、图案、材质和色彩较为丰富,可以根据不同的室内风格需求来配置(图 6-63 和图 6-64)。它是一种体形呈正方形或长方形的靠枕,一般放置在沙发和床头。方形靠枕的尺寸通常有正方形 40cm×40cm、50cm×50cm,长方形 50cm×40cm。

图 6-63　方形靠枕（1）

图 6-64　方形靠枕（2）

　　（2）圆形碎花靠枕。圆形碎花靠枕是一种体形呈圆形的靠枕，经常摆放在阳台或庭院中的座椅上，这样搭配会让人立刻有了家的温馨感觉。圆形碎花靠枕制作简便，用碎花布包裹住圆形的枕芯后，调整好褶皱的分布即可（图 6-65 和图 6-66）。其尺寸一般为直径 40cm 左右。

　　（3）莲藕形靠枕。莲藕形靠枕是一种体形呈莲藕形状的圆柱形靠枕。它给人清新、高洁的感觉。清新的田园风格中搭配莲藕型的靠枕同样也能让人感受到清爽宜人的效果，见图 6-67

和图 6-68。

图 6-65　圆形碎花靠枕（1）

图 6-66　圆形碎花靠枕（2）

图 6-67　莲藕形靠枕（1）

图 6-68　莲藕形靠枕（2）

（4）糖果形靠枕。糖果形靠枕是一种体形呈奶糖形状的圆柱形靠枕。糖果形靠枕的制作方法相当简单，只要将包裹好枕芯的布料两端做好捆绑即可。它简洁的造型和良好的寓意能体现出甜蜜的味道，让生活更加浪漫。糖果形靠枕的尺寸一般为长 40cm，圆柱直径约为 20～25cm，见图 6-69 和图 6-70所示。

（5）特殊造型靠枕。主要包括幸运星形、花瓣形和心形等，其色彩艳丽，形体充满趣味性，让室内空间呈现出天真、梦幻的感觉。在儿童房空间应用较广。

图 6-69 糖果形靠枕（1）　　　　图 6-70 糖果形靠枕（2）

4.壁挂织物

壁挂织物是室内纯装饰性质的布艺制品,包括墙布、桌布、挂毯、布玩具、织物屏风和编结挂件等,它可以有效地调节室内气氛,增添室内情趣,提高整个室内空间环境的品位和格调（图6-71）。

图 6-71 室内壁挂织物——墙布

（三）布艺的搭配原则与设计语言

1. 体现文化品位和民族、地方特色

室内布艺搭配时还应注意体现民族和地方文化特色。如在一些茶馆的设计中，采用少数民族手工缝制的蓝印花布，能够营造出原始、自然、休闲的氛围；在一些特色餐馆的设计中，采用中国北方大花布，可以营造出单纯、野性的效果；在一些波希米亚风格的样板房设计中，采用特有的手工编制地毯和桌布，来营造出独特的异域风情等。

2. 风格相互协调性原则

室内布艺搭配时应注意布艺的格调要与室内的整体风格相协调。如欧式风格室内要配置欧式风格的布艺，田园风格的室内要配置田园风格的布艺。要尽量避免不同风格的布艺混杂搭配，造成室内杂乱、无序的效果。

3. 充分突出布艺制品的质感

布艺特有的柔软质感和丰富的色彩能够起到调节室内的温度、柔软度和装饰效果的作用。因此室内布艺搭配时应充分考虑布艺制品的样式、色彩和材质对室内装饰效果造成的影响，如利用布艺制品调节室内温度，在夏季炎热的季节选用蓝色、绿色等凉爽的冷色，使室内空间的温度降低；而在寒冷的冬季选用黄色、红色或橙色温暖的暖色，使室内空间的温度提高。再如，在KTV、舞厅等娱乐空间设计中，可以利用色彩艳丽的布艺软包制品，达到炫目的视觉效果，还可以有效地调节音质。

第四节 绿化设计

一、室内绿化设计及其植物的点缀

室内绿化设计就是将自然界的植物、花卉、水体和山石等景物经过艺术加工和浓缩移入室内,达到美化环境、净化空气和陶冶情操的目的。室内绿化既有观赏价值,又有实用价值。在室内布置几株常绿植物,不仅可以增强室内的青春活力,还可以缓解和消除疲劳。室内花卉可以美化室内环境,清逸的花香可以使室内空气得到净化,陶冶人的性情。室内水体和山石可以净化室内空气,营造自然的生活气息,并使室内产生飘逸和灵动的美感。

室内植物种类繁多,有观叶植物、观花植物、观景植物、赏花植物、藤蔓植物和假植物等,主要有橡胶树、垂榕、蒲葵、苏铁、棕竹、棕榈、广玉兰、海棠、龟背竹、万年青、金边五彩、文竹、紫罗兰、白花吊竹草、水竹草、兰花、吊兰、水仙、仙人掌、仙人球、花叶常春蔓等。假植物是人工材料(如塑料、绢布等)制成的观赏植物,在环境条件不适合种植真植物时常用似植物代替。

绿色植物点缀室内空间应从以下几个方面出发。

第一,品种要适宜,要注意室内自然光照的强弱、多选耐阴的植物,如红铁树、叶椒草、龟背竹、万年青、文竹、巴西木等。

第二,配置要合理,注意植物的最佳视线与角度,如高度在1.8~2.3m 为好。

第三,色彩要和谐,如书房要创造宁静感,应以绿色为主;客厅要体现主人的热情,则可以用色彩绚丽的花卉。

第四,位置要得当,宜少而精,不可太多太乱,到处开花。

图 6-72　室内植物设计

二、室内山石和水景的设计

　　山石是室内造景的常用元素,室内山石在空间中起到以小见大,拓展空间意向的作用,常和水相配合,浓缩自然景观于室内小天地中。室内山石形态万千,讲求雄、奇、刚、挺的意境。室内山石分为天然山石和人工山石两大类,天然山石有太湖石、房山石、英石、青石、鹅卵石、珊瑚石等;人工山石则是由钢筋水泥制成的假山石。

　　水景作为室内设计空间要素之一,起到丰富空间效果的作用,可以通过静态水营造安静的空间语言环境,通过动态的水营造活泼动感的空间环境,也可以通过触感来丰富空间体验。水景有动静之分,静则宁静,动则欢快,水体与声、光相结合,能创造出更为丰富的室内效果。常用的形式有水池、喷泉和瀑布等。

图 6-73　室内假山设计

图 6-74　室内水景设计

参考文献

[1]文健.室内设计[M].北京:北京大学出版社,2010.8.

[2]王受之.世界现代设计史[M].广州:新世纪出版社,1995.

[3]齐伟民.室内设计发展史[M].合肥:安徽科学技术出版社,2004.

[4]席跃良.设计概论[M].北京:中国轻工业出版社,2004.

[5]尹定邦.设计学概论[M].长沙:湖南科学技术出版社,2001.

[6]薛野.室内软装饰设计[M].北京:机械工业出版社,2012.

[7]文健,周可亮.室内软装饰设计教程[M].北京:清华大学出版社;北京交通大学出版社,2011.

[8]牛建林,钟健.装饰设计新概念[M].上海:上海书店出版社,2007.

[9]刘惠民,杨晓丹,刘永刚.室内软装配饰设计[M].北京:清华大学出版社,2014.

[10]龚建培.装饰织物与室内环境设计[M].南京:东南大学出版社,2006.

[11]潘吾华.室内陈设艺术设计[M].2版.北京:中国建筑工业出版社,2006.

[12]陈易.室内设计原理[M].北京:中国建筑工业出版社,2006.

[13]夏琳璐.室内软装饰设计与应用[M].北京:经济科学出

版社,2012.

　　[14]孙嘉伟,傅瑜芳.室内软装设计[M].北京:水利水电出版社,2014.

　　[15]陈雪杰,业之峰装饰.室内装饰材料与装修施工实例教程[M].北京:人民邮电出版社,2013.

　　[16]范业闻.现代室内软装饰设计[M].上海:同济大学出版社,2011.

　　[17]郑曙旸.室内设计·思维与方法[M].北京:中国建筑工业出版社,2003.

　　[18]徐亮,董万里.室内环境设计[M].重庆:重庆大学出版社,2003.

　　[19]陈志华.室内设计发展史[M].北京:中国建筑工业出版社,1979.

　　[20]朱钟炎.室内环境设计原理[M].上海:同济大学出版社,2003.

　　[21]田勇,郁可丹.装饰陈设[M].北京:中国建筑工业出版社,2007.

　　[22]巴赞著;刘明毅,译.艺术史[M].上海:上海美术出版社,1989.

　　[23]汤重熹.室内设计[M].北京:北京高等教育出版社,2003.

　　[24]李朝阳.室内空间设计[M].北京:中国建筑工业出版社,1999.